P 604
89952
Sammelkarte
Preis lt. Tarif
Gültig für 5 Fahrten
auf der Straßenbahn oder U-Bahn
ohne Um- oder Uebersteigeberechtigung
Ausgabe E
BVG
W 9, Köth. Str. 17
57628
M 530
Ermäßigungsfahrschein
zum beliebig häufigen Umsteigen
für ein Kind, den Inhaber einer gültigen
Arbeitslosen-Grundkarte
Teil einer Jahreskarte
JAN 2002
Umweltkarte Standard
1235.00 DM/12
MST
gültig für:
AUG 01
B-ABC
Vertrags-Nr.
00004611
STRASSENBAHN oder U-BAHN
Sonderfahrschein B
16012
Potsdamer Str. 188
Bitte Rückseite beachten!
BVG-U-Bahn
Keine Umsteigeberechtigung!
Nur gültig für eine Fahrt auf der
U-Bahn
bei sofortigem Fahrtantritt
gemäß Beförderungsbedingungen
Fahrpreis laut Tarif
Kottbuss. Damm
26 10 10
VOR FAHRTANTRITT
BITTE HIER ENTWERTEN
1030 Mo03
FAHRSCHEIN
NORMALTARIF
Berlin
4.00DM
Nachdruck verboten
BVG
Monatskartenfahrschein
85171
Hier in den Entwerter einführen
sofern nicht bereits durch Personal mit Stempel versehen.
1530 Sa09 Kottb. Tor u. 0
Fahrschein
AB
DM 3,60
040456
VU-A 97071
BVG · Potsdamer Str. 188 · 10783 Berlin · Telefon 25 60
A B C D E F
BVG-U-Bahn
Nur zum sofortigen Fahrtantritt
mit Anschlußfahrt auf
Straßenbahn oder
Autobus
gemäß Beförderungsbedingungen.
Fahrpreis laut Tarif. Nicht übertragbar.
Rückfahrt auch auf Umwegen
nicht gestattet.
UA 78
Zoolog. Garten
07 02 07½
Hier in den Entwerter einführen
1030 Fr32
FAHRSCHEIN
A B C D
Wel 43
BVG
W9
Köthener Straße 17
Dienst Fahrschein
Gültig bis zum 31.12.43
Gültig zur Erreichung eines Reisezieles auf kürzestem Wege mit einmaligem Umsteigen auf Straßenbahn, Omnibus oder U-Bahn lt. Tarif. Umsteigefrist eine Stunde. Rückfahrt nicht gestattet.
Richtung

Ein Jahrhundert Berliner U-Bahn in Streckenplänen und Fotos

Uwe Poppel

Sigurd Hilkenbach

Ein Jahrhundert
Berliner U-Bahn
in Streckenplänen und Fotos

Jaron Verlag

Für Martina
Uwe

Die Autoren danken dem Arbeitskreis Berliner Nahverkehr e.V. (Berliner Verkehrsblätter) für die kritische Durchsicht des Manuskripts.

Originalausgabe
1. Auflage 2002
© 2002 Jaron Verlag GmbH, Berlin
Alle Rechte vorbehalten. Jede Verwertung des Werkes und aller seiner Teile ist nur mit Zustimmung des Verlages erlaubt. Das gilt insbesondere für Vervielfältigungen, Übersetzungen, Mikroverfilmungen und die Einspeicherung und Verarbeitung in elektronischen Medien.
Umschlaggestaltung: Atelier Kattner, Berlin, unter Verwendung von Fotos aus der Sammlung Hilkenbach (vorn) und der Sammlung Poppel (hinten) sowie eines Plans aus der Sammlung Poppel (vorn)
Lithographie: LVD GmbH, Berlin
Druck und Bindung: Druckhaus Köthen, Köthen
ISBN 3-89773-049-9

Inhalt

Betriebsbahnhof Britz-Süd

Vorwort

Ein Jubiläum ist häufig Anlass, zurückzuschauen auf die vergangenen Jahre und Jahrzehnte. Hundert Jahre U-Bahn in Berlin sind umso mehr ein Anlass, da die U-Bahn ähnlich wie die S-Bahn inzwischen ein wichtiger, unverzichtbarer Bestandteil der Stadt geworden ist – undenkbar, was ohne sie in der Großstadt Berlin für ein Verkehrschaos herrschen würde.

Die U-Bahn ist auch Teil der Stadtgeschichte, die schrecklichen Ereignisse in den Bombennächten des Zweiten Weltkriegs gingen nicht spurlos an ihr vorüber, und auch der Bau der Berliner Mauer im August 1961 zeigte Auswirkungen. Stadtgeschichte kann auch nachvollzogen werden im Wechsel der Stationsnamen: Der heutige U-Bahnhof Theodor-Heuss-Platz beispielsweise wurde 1908 mit dem Namen Reichskanzlerplatz eröffnet und hieß von 1933 bis 1945 Adolf-Hitler-Platz. Der Mauerbau und die nachfolgende Teilung der Stadt veranlassten manche Fachpublikationen speziell des östlichen Machtblocks dazu, Berlin als U-Bahn-Stadt zweimal aufzuführen: einmal als „Berlin, Hauptstadt der DDR“ und einmal als „Westberlin“.

Stadtgeschichte ist nicht zuletzt auch Architekturgeschichte; mehrere, teilweise bedeutende Architekten – insbesondere Alfred Grenander und Bruno Grimmek, aber auch Peter Behrens und Werner Düttmann – gestalteten über die Jahrzehnte Bahnhöfe und Hochbahnstrecken. Dieser kostbare „unterirdische Schatz“ muss gepflegt werden, zuviel ist bereits durch die Bomben im Zweiten Weltkrieg und durch – zumeist gut gemeinte – Reparaturen und Sanierungen verschwunden. Inzwischen wurde jedoch in einigen Fällen ursprüngliche Bahnhofsarchitektur auch vorbildlich wiederhergestellt.

Die Geschichte der Berliner U-Bahn lässt sich nachvollziehen an den Streckenplänen, auch Netzspinnen genannt, die den Fahrgästen schon immer einen Überblick über Fahrmöglichkeiten und Anschlüsse gegeben haben. Aus jedem Jahrzehnt haben die Autoren ein Beispiel ausgesucht. Darüber hinaus wird die jeweilige Dekade in zeittypischen Fotografien dargestellt, und ein kurzer Text weist auf die wesentlichen Neuerungen hin. Im Anhang findet sich eine chronologische Auflistung der Streckeneröffnungen mit den heute verwendeten Bahnhofsnamen.

Dies ist sicherlich nur eine Möglichkeit, sich der komplexen Geschichte der U-Bahn zu nähern – doch wie wir finden eine sehr greifbare und dabei zugleich aussagekräftige. Weitere Literatur zum Thema U-Bahn aus den letzten zwei Jahrzehnten finden Sie ebenfalls im Anhang – so kann der Interessierte sich andere Aspekte der Berliner U-Bahn lesend aneignen.

Oder erwerben Sie doch einen Fahrschein und betreten selbst mit offenen Augen die durchaus faszinierende Welt der Hundertjährigen – getreu dem Motto des inzwischen weltweit gespielten Theaterstücks „Linie 1“ vom Berliner Grips Theater: „Fahr mal wieder U-Bahn!“

Zur Entstehung

Der Verkehr war im Berlin des ausgehenden 19. Jahrhunderts vergleichsweise chaotisch. Durch die Verlagerung der Gewerbe- und Industrieflächen auf noch unbebaute Areale in den damaligen Vororten ergaben sich für die Beschäftigten oft lange Wege zwischen Wohnort und Arbeitsstätte. Die zu dieser Zeit ebenfalls neu errichteten Wohnanlagen („Mietskasernen") am Rande der alten Berliner Innenstadt – beispielsweise in den heutigen Ortsteilen Wedding, Prenzlauer Berg, Friedrichshain und Kreuzberg – entschärften das Problem zwar etwas, doch die Zahl derer, die sich tagtäglich mit Verkehrsmitteln durch die Stadt bewegen mussten, stieg dennoch kontinuierlich.

Lagen sowohl Wohn- als auch Arbeitsort in der Nähe von Bahnstationen, konnten die Wege zum Teil mit den Vorortbahnen zurückgelegt werden. Die Pferdebahn und später die elektrische Straßenbahn kamen der gesteigerten Nachfrage nach Transportmitteln ebenfalls entgegen: Die Strecken führten immer weiter in die Berliner Vororte hinaus. Der Pferdeomnibus hingegen spielte wegen seiner geringen Kapazitäten und seines doch eher mäßigen „Beförderungskomforts" auf längeren Strecken nur eine untergeordnete Rolle.

Auf den Berliner Innenstadtstraßen wurde es immer enger – der Stau ist keine Erfindung der letzten Jahrzehnte des 20. Jahrhunderts. Die zahlreichen Omnibus- und Straßenbahnlinien verschiedener Gesellschaften kämpften sich durch die engen Straßen der Innenstadt. Wie dicht der Verkehr beispielsweise auf der Friedrich- oder Leipziger Straße war, belegen auch zahllose Postkartenmotive aus der Zeit, denn man warb mit dem Verkehrschaos für Berlin: Der „Berliner Verkehr" galt als ebenso typisch wie die „Berliner Schnauze" oder das „Berliner Tempo".

Das Berliner Stadtgebiet war Ende des 19. Jahrhunderts bereits von einem dichten Pferdebahnnetz durchzogen, das dank der Elektrifizierung der Strecken in den Jahren 1896 bis 1902 und der damit verbundenen Beschaffung größerer Fahrzeuge leistungsfähiger wurde. Auf einigen Strecken hatten sich jedoch besonders starke Verkehrsströme herausgebildet. So erforderte beispielsweise der Verkehr zwischen der Berliner Innenstadt (zwischen Alexanderplatz und Friedrichstraße) und dem vornehmen Westen, der damals noch eigenständigen Stadt Charlottenburg, neue, leistungsfähigere Verkehrsmittel. Da die 1882 in Betrieb genommene, von Westen nach Osten verlaufende, dampfbetriebene Stadtbahn teilweise abseits der gewünschten Ziele lag, sollte eine neue innerstädtische Ost-West-Verbindung geschaffen werden.

Doch auch die Nord-Süd-Verbindungen durch die Berliner Innenstadt – hier besonders die Friedrichstraße – waren überlastet. Bereits 1880 reichte Werner Siemens ein – sehr unkonventionelles – Projekt für eine Pfeilerbahn in der Friedrichstraße ein: Zwischen Belle-Alliance-Platz (heute Mehringplatz) und Wedding sollte in der Friedrichstraße auf den Bürgersteigen, nach Fahrtrichtung getrennt, eine auf Stahlpfeilern verlaufende Hochbahn entstehen – direkt in Höhe der Straßenlaternen vor den Fenstern des ersten Stockwerks. Die Firmen AEG und Siemens & Halske schlugen 1891 neue Bahnen vor, die entweder unter den Straßen (AEG) oder auf Stelzen über den Straßen (Siemens & Halske) verlaufen sollten. Wie heute durchaus noch nach-

Die Hochbahn wird offiziell abgenommen.
Die Kommission am Dennewitzplatz, Februar 1902.
Im Hintergrund das durchbrochene Haus

vollziehbar, stießen Pfeilerbahnen in der engen Berliner Innenstadt auf heftigen Widerstand. Auch die Untergrundbahn war äußerst unerwünscht, waren die jahrelangen Arbeiten zur Schaffung eines umfassenden Berliner Entwässerungskanalsystems doch gerade abgeschlossen worden. Zudem äußerten Baufachleute die Auffassung, dass der Berliner Untergrund nicht zur Aufnahme einer unterirdischen Bahn tauge.

Trotz allem baute die Firma AEG in Berlin auf eigene Kosten zwei Tunnelstrecken und eine Hochbahn als Teststrecken. Als Verbindung zweier AEG-Fabriken am Gesundbrunnen entstand 1894 bis 1895 eine 270 Meter lange Tunnelstrecke für eine Materialbahn mit (nicht öffentlichem) Personentransport, und 1898 wurde eine etwa 150 Meter lange schmalspurige Hochbahnstrecke als Werkbahn auf einem AEG-Gelände am Schiffbauerdamm errichtet. Die Tunnelstrecke in Gesundbrunnen ist noch heute vorhanden. Ein weiterer, 582 Meter langer Probetunnel entstand in Zusammenhang mit der Gewerbeausstellung 1896 im Treptower Park. Die 1895 begonnenen Arbeiten konnten wegen diverser Schwierigkeiten jedoch erst 1899 beendet werden. Dieser Tunnel unter der Spree zwischen Stralau und Treptow diente ab Dezember 1899 für rund dreißig Jahre dem Straßenbahnbetrieb und wurde dann für den Fußgängerverkehr umgebaut; im Zweiten Weltkrieg wurde er schwer beschädigt und ist heute nicht mehr zugänglich.

Letztendlich konnte sich die Firma Siemens & Halske mit Ihren Entwürfen für ein Hoch- und Untergrundbahnnetz durchsetzen. Der Anschluss der neuen Bahn an die bereits bestehende Stadtbahnstrecke (Bahnhöfe Zoologischer Garten und Warschauer Straße) sowie die Stichstrecke zum Potsdamer Platz entsprachen den wesentlichen Verkehrsströmen in Ost-West-Richtung. In den neunziger Jahren des 19. Jahrhunderts erteilten die Polizeibehörden die notwendigen Genehmigungen, und es wurden Verträge mit der Stadt Berlin, der Stadtgemeinde Schöneberg und der Stadt Charlottenburg über den Bau der Hoch- und Untergrundbahnstrecken abgeschlossen.

Im September 1896 war Baubeginn an der Hochbahnstrecke in der Gitschiner Straße, die Arbeiten wurden durch die Firma Siemens & Halske ausgeführt. Im April 1897 gründete sich die „Gesellschaft für elektrische Hoch- und Untergrundbahnen in Berlin“ (Hochbahngesellschaft) unter wesentlicher Beteiligung der Unternehmen Siemens & Halske und Deutsche Bank. Im Herbst 1901 wurden die ersten Serienfahrzeuge in der Betriebswerkstatt Warschauer Brücke montiert, die Hochbahngesellschaft stellte Betriebspersonal ein, und auf bereits fertig gestellten Viaduktabschnitten begannen die Probefahrten. Am 15. Februar 1902 gab eine „Ministerfahrt“ mit einem festlich geschmückten Zug aus drei Waggons hochrangigen Vertretern des öffentlichen Lebens der Stadt Berlin unter Führung des preußischen Ministers für öffentliche Arbeiten die Möglichkeit, das technische Wunderwerk kennen zu lernen.

Am 18. Februar 1902 erfolgte die offizielle Eröffnung der rund sechs Kilometer langen Strecke zwischen dem Hochbahnhof Stralauer Thor an der Spree (später Osthafen, im Zweiten Weltkrieg zerstört und nicht wieder aufgebaut) und dem ersten „echten“ Berliner Untergrundbahnhof am Potsdamer Platz. Die Schnelligkeit, Sicherheit und Bequemlichkeit des neuen Verkehrsmittels sprach sich schnell herum, und bereits 1903 wurden nahezu dreißig Millionen Fahrgäste befördert.

In den folgenden Jahrzehnten wurde die erste kurze Strecke mehrmals verlängert, es folgten Abzweigungen in die (damaligen) Vororte, und mehrere neue Strecken kamen hinzu – aus der sechs Kilometer langen Stammstrecke mit ihren acht Bahnhöfen im Jahr 1902 sind nach einem Jahrhundert 170 Bahnhöfe auf rund 144 Kilometer Strecke geworden. Zur Eröffnung bestand der Wagenpark der Hochbahngesellschaft aus 42 Triebwagen III. Klasse und 20 Beiwagen II. Klasse (später als Wagentyp AI bezeichnet). Die Berliner Verkehrsbetriebe (BVG), heute Betreiber der U-Bahn, setzen hundert Jahre später rund 1400 Triebwagen auf neun U-Bahn-Linien ein. Sie befördern jährlich ungefähr 400 Millionen Fahrgäste.

Das erste Jahrzehnt (1902–1910)

Nach der Eröffnung der ersten Hochbahnstrecke wurden in kurzer Folge weitere Verlängerungen in Betrieb genommen; Ende 1902 hatte sich das Streckennetz bereits fast verdoppelt (elf Kilometer Strecke). Daher hatte das 1907 am Wittenbergplatz eröffnete Kaufhaus des Westens (KaDeWe) von Anfang an Anschluss an die U-Bahn. Am 16. März 1908 nahm der deutsche Kaiser Wilhelm II. im „Kaiserwagen“ Platz und beehrte eine Sonderfahrt zur Streckenverlängerung von Bismarckstraße (heute Deutsche Oper) bis Reichskanzlerplatz (heute Theodor-Heuss-Platz) mit seiner erhabenen Anwesenheit. Offiziell eröffnet wurde die Strecke am 29. März.

Ein halbes Jahr später ereignete sich am Gleisdreieck der bis heute schwerste Unfall der Berliner U-Bahn: Am 26. September 1908 stießen zwei Züge in einer Flankenfahrt zusammen; 18 Tote und viele Verletzte waren zu beklagen. Das für die Zusammenführung und Trennung der unterschiedlichen Strecken zuständige Bauwerk wurde in den Folgejahren umgebaut und erhielt den heute noch vorhandenen Turmbahnhof als Umsteigebahnhof.

Ende des Jahres 1910 wurde die Schöneberger U-Bahn zwischen Nollendorfplatz und Hauptstraße (heute Innsbrucker Platz) eröffnet. Schöneberg schmückte sich nun mit dem Titel „sechste europäische U-Bahn-Stadt“.

Bahnhof Warschauer Brücke, noch nicht ganz fertig gestellt. Davor die dazugehörige Straßenbahn („Flachbahn") mit Wagenhalle

Die Wagenhalle Warschauer Brücke mit mehreren Hochbahnzügen

Das Gleisdreieck in seiner ursprünglichen Form.
Blick nach Süden über die Anlagen des Potsdamer Güterbahnhofs

Kleinprofilwagen 2. Klasse mit gepolsterten Sitzbänken

Streckenplan aus dem Jahr 1906

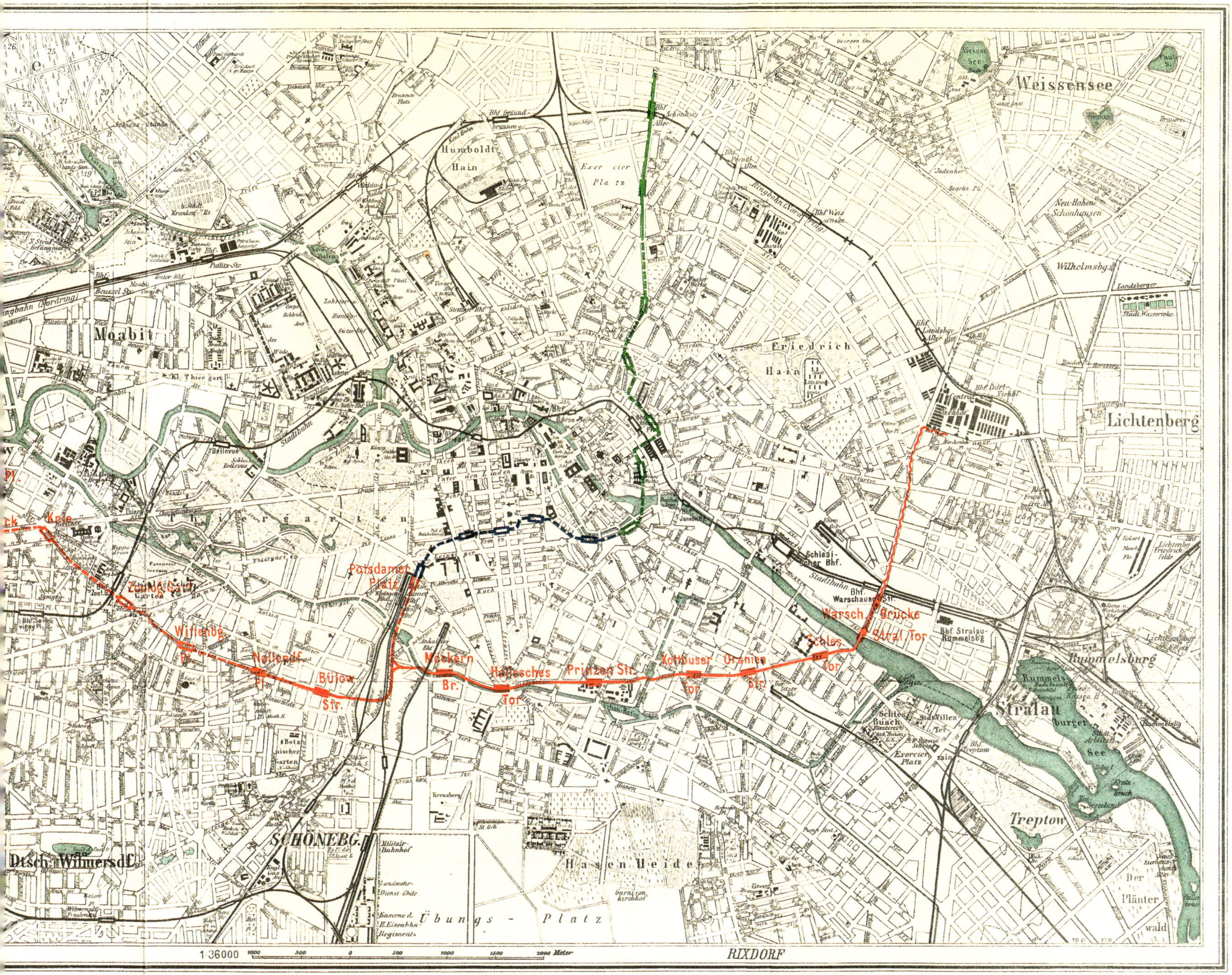
Weissensee
Humboldt Hain
Exer cier Platz
Moabit
Friedrich Hain
Lichtenberg
Thiergarten
Potsdamer Platz
Schlesischer Bhf.
Warsch. Brücke
Stral. Tor
Schles. Tor
Oranien Str.
Kottbuser Tor
Prinzen Str.
Hallesches Tor
Möckern Br.
Bülow Str.
Nollendf. Pl.
Wittenbg. Pl.
Zoolog. Gart.
Knie
Stralau
Rummelsburg
Treptow
Hasen Heide
Übungs - Platz
Schöneberg
Dtsch. Wilmersdf.
Der Plänter wald
1:36000
RIXDORF

Der erste Hochbahnhof Möckernbrücke, mit der im Jugendstil gestalteten Stirnwand

Querschnitt durch den Untergrundbahnhof Spittelmarkt. Durch die Fenster in einer Seitenwand fällt Tageslicht ein

Ein Streckennetz entsteht (1911–1920)

Bis 1913 wurden die Strecken vom Spittelmarkt über den Alexanderplatz bis zur Station Nordring (heute Schönhauser Allee) und vom Wittenbergplatz bis Uhlandstraße – der Beginn einer geplanten Kurfürstendammlinie – sowie nach Südwesten bis Thielplatz geschaffen. Das Netz der Hoch- und Untergrundbahn erreichte nun insgesamt 36 Kilometer Länge.

Zehn Jahre nach Inbetriebnahme der ersten Hochbahnstrecken begann die Stadtregierung, der Berliner Magistrat, eine U-Bahn-Strecke in eigener Regie zu planen, und zwar die Linie Seestraße bis Belle-Alliance-Straße (heute Mehringdamm) im Zuge der Friedrichstraße mit südlichen Verlängerungen nach Tempelhof und Neukölln. Die AEG plante zusammen mit der Stadt die Strecke Gesundbrunnen bis Neukölln. Mit den ersten Tunnelbauarbeiten wurde begonnen.

Bald jedoch endete – unfreiwillig – die erste Ausbauphase der Berliner U-Bahn. Die mit dem Ausbruch des Ersten Weltkriegs 1914 einhergehenden Veränderungen verzögerten die Tunnelbauarbeiten: Kraftwagen und Pferde für den Materialtransport mussten beim Militär abgegeben werden, und im Laufe der Kriegsjahre wurden immer mehr Männer eingezogen.

Nach dem Ersten Weltkrieg wurde aus Finanznot ernsthaft erwogen, bereits fertig gestellte Tunnelabschnitte wieder zuzuschütten.

Schönebergs schönster U-Bahnhof: Stadtpark.
Im Hintergrund das 1911 bis 1914 erbaute Rathaus

Die tief gelegene Station Heidelberger Platz, 1913 eröffnet, fällt durch kirchenähnliche Deckengewölbe auf. Auch die Lampen sind kunstvoll gestaltet

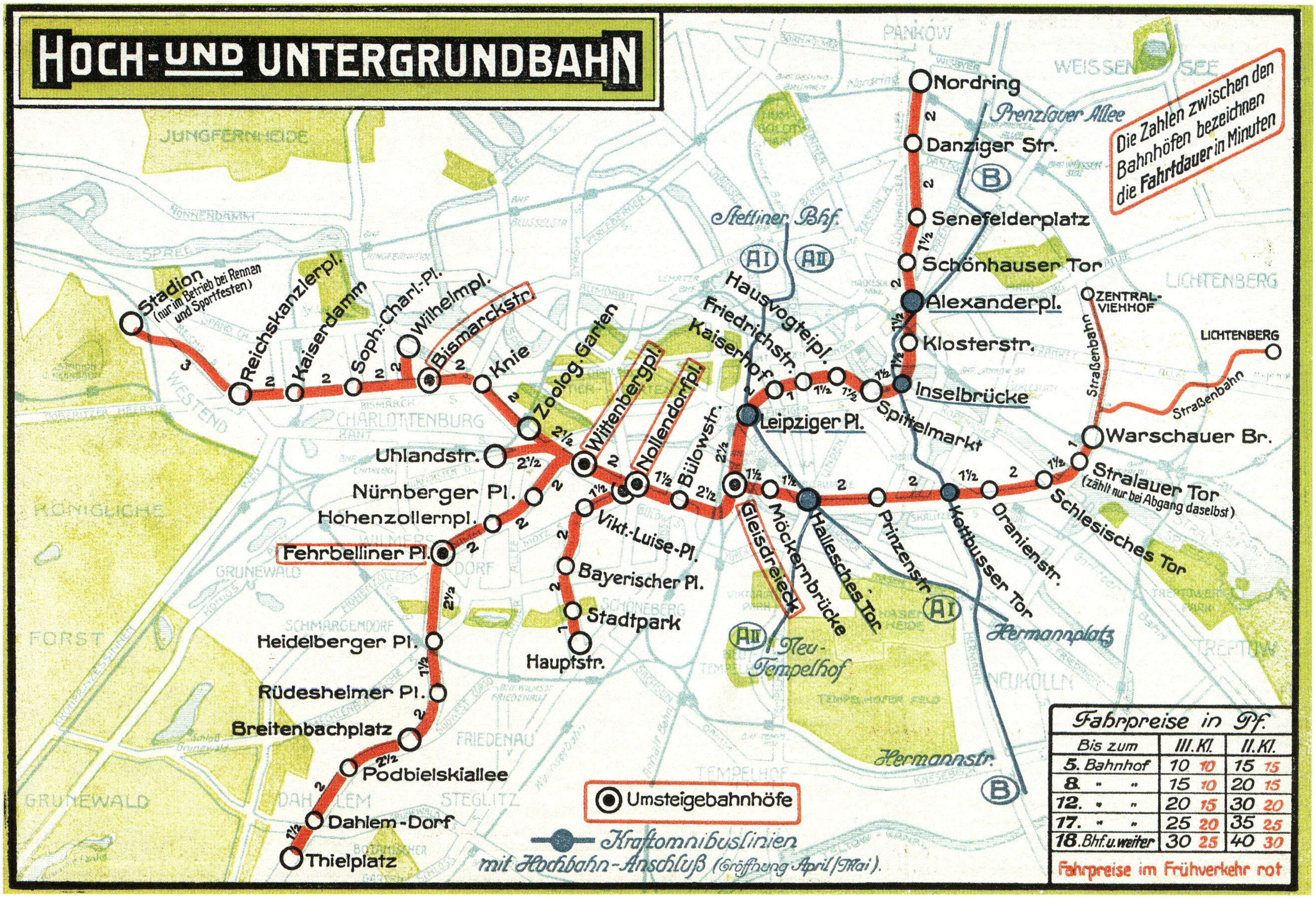

Streckenplan aus dem Jahr 1914

Der Bahnhof Podbielskiallee ist an märkische Stadttor-Architektur angelehnt. Hier kommt die Bahn ans Tageslicht

Das villenartige Eingangsgebäude des Bahnhofs Thielplatz stammt von Heinrich Straumer, dem Konstrukteur des Berliner Funkturms

Blick über die Schönhauser Allee zum
damaligen Endbahnhof Nordring

Die Eingänge zum Bahnhof Reichskanzlerplatz in Charlottenburg sind fast unverändert erhalten geblieben

Öffnungen in der Tunneldecke ließen seinerzeit sogar Tageslicht auf die Bahnsteige des viergleisigen Bahnhofs Bismarckstraße (heute Deutsche Oper) fallen

Ausbau in den „Goldenen Zwanzigern“ (1921–1930)

Trotz der nach dem Krieg und während der Inflation (1922/23) mageren Finanzen der Stadt Berlin, ab 1920 Groß-Berlin, ging bereits 1923 das erste Teilstück der städtischen Nord-Süd-Bahn – Stettiner Bahnhof (heute Zinnowitzer Straße) bis Hallesches Tor – in Betrieb.

Das Tunnelprofil der städtischen Strecken wurde für breitere Fahrzeuge angelegt als das der bereits vorhandenen Strecken der Hochbahngesellschaft (2,65 Meter gegenüber 2,30 Meter Wagenkastenbreite). Damit entstand die bis heute bestehende Aufteilung des Berliner U-Bahn-Netzes in Kleinprofil- (die heutigen Linien U1, U15, U2, U4) und Großprofilstrecken (U5 bis U9). Auch letztere wurden zunächst von Fahrzeugen der Hochbahngesellschaft befahren – mit angebauten Holzbohlen zum Breitenausgleich („Blumenbretter“) –, später ersetzt durch die Großprofilwagen des Typs BI („Tunneleule“). Der Betrieb der U-Bahn ging am 1. Januar 1929 von der Hochbahngesellschaft an die neu gegründete „Berliner Verkehrs-Aktiengesellschaft (BVG)“ über.

Nach den 19 Eröffnungen dieses Jahrzehnts maß die Gesamtlänge der Strecken Ende 1930 insgesamt 76 Kilometer. Gab es anfangs hauptsächlich Ost-West-Verbindungen, so waren nun die beiden Nord-Süd-Strecken und die östliche Linie vom Alexanderplatz nach Friedrichsfelde hinzugekommen.

Ein Zug vom Typ AII („Amanullah") im Bahnhof Thielplatz in Dahlem

Die neu errichtete Betriebswerkstatt Friedrichsfelde mit einem der modernsten, 18 Meter langen Triebwagen des Typs C. 120 dieser Triebwagen kamen 1945 zur Moskauer Metro

Die Wagen des ersten Großprofiltyps BI wurden
wegen der ovalen Stirnfenster „Tunneleulen“ genannt.
Auch London besaß ähnliche Fahrzeuge

Blick aus dem Zugbegleiter-Fenster auf den 1912 eröffneten Kreuzungsbahnhof Gleisdreieck

Die Station Onkel Toms Hütte vereinigt in ungewöhnlicher Weise den Bahnsteig mit zwei seitlich angeordneten Ladenstraßen, in einer befand sich früher sogar ein Kino

Streckenplan aus dem Jahr 1927

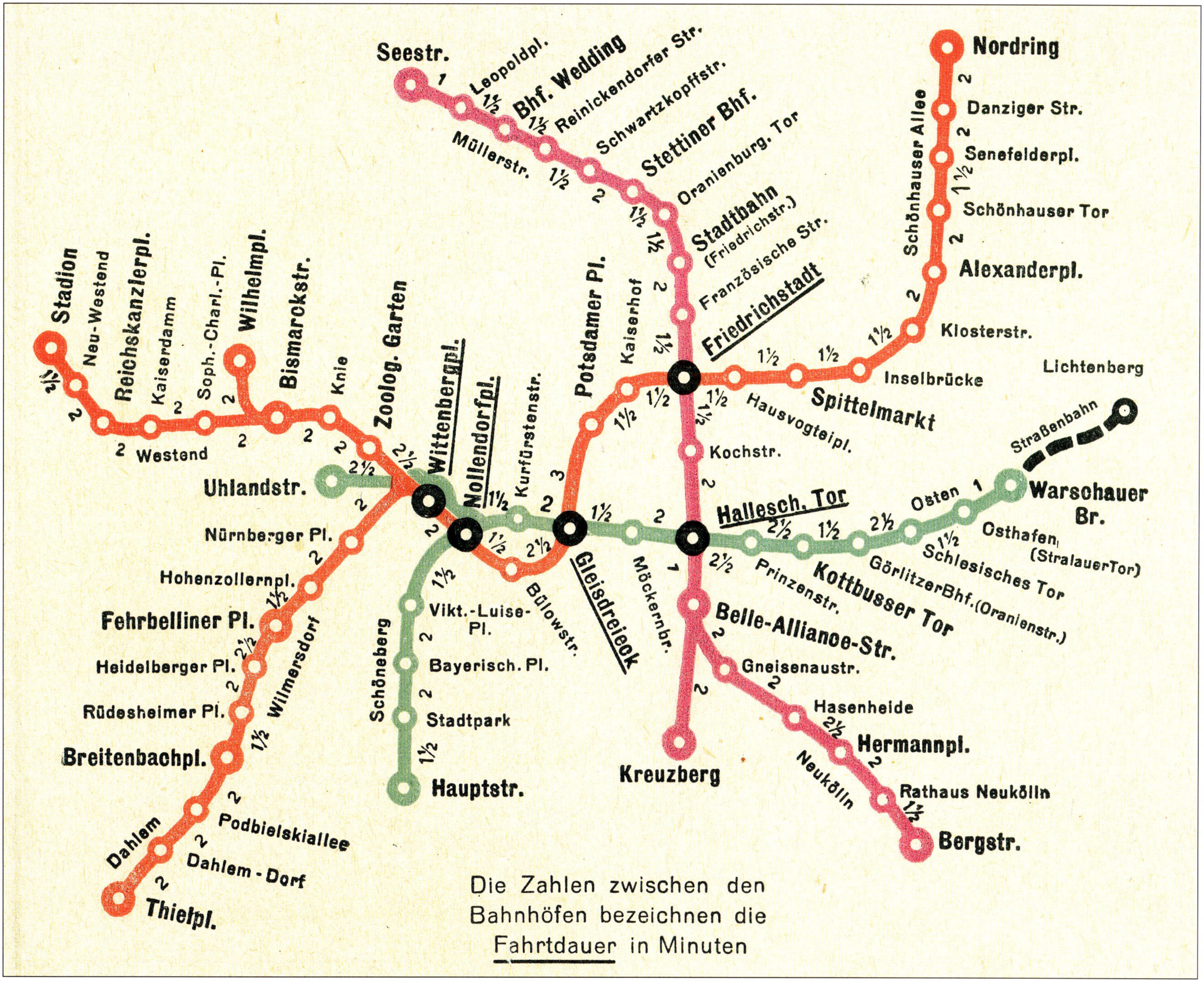
Seestr.
Leopoldpl.
Bhf. Wedding
Reinickendorfer Str.
Schwartzkopffstr.
Müllerstr.
Stettiner Bhf.
Oranienburg. Tor
Stadtbahn
(Friedrichstr.)
Französische Str.
Friedrichstadt
Nordring
Danziger Str.
Senefelderpl.
Schönhauser Allee
Schönhauser Tor
Alexanderpl.
Klosterstr.
Inselbrücke
Spittelmarkt
Hausvogteipl.
Lichtenberg
Straßenbahn
Warschauer Br.
Osten
Osthafen,
(StralauerTor)
Schlesisches Tor
GörlitzerBhf.(Oranienstr.)
Kottbusser Tor
Prinzenstr.
Hallesch. Tor
Kochstr.
Kaiserhof
Potsdamer Pl.
Kurfürstenstr.
Nollendorfpl.
Wittenbergpl.
Zoolog. Garten
Knie
Bismarckstr.
Wilhelmpl.
Soph.-Charl.-Pl.
Kaiserdamm
Reichskanzlerpl.
Neu-Westend
Stadion
Westend
Uhlandstr.
Nürnberger Pl.
Hohenzollernpl.
Fehrbelliner Pl.
Heidelberger Pl.
Rüdesheimer Pl.
Wilmersdorf
Breitenbachpl.
Podbielskiallee
Dahlem
Dahlem-Dorf
Thielpl.
Schöneberg
Vikt.-Luise-Pl.
Bayerisch. Pl.
Stadtpark
Hauptstr.
Bülowstr.
Gleisdreieck
Möckernbr.
Belle-Alliance-Str.
Gneisenaustr.
Kreuzberg
Hasenheide
Hermannpl.
Neukölln
Rathaus Neukölln
Bergstr.
Die Zahlen zwischen den Bahnhöfen bezeichnen die Fahrtdauer in Minuten

Die Eingangsportale zu den Bahnhöfen in der Friedrichstraße trugen anfangs noch die Bezeichnung der städtischen U-Bahn-Linie „Nord-Süd"

Ganz im Stile der Neuen Sachlichkeit gestaltete Alfred Grenander seine letzten Stationen der Linie E vom Alexanderplatz nach Friedrichsfelde. Hier der U-Bahnhof Memeler Straße

Die U-Bahn in 1000 Jahren (1931–1940)

Die Wirtschaftskrise an der Wende von den Zwanzigern zu den Dreißigern stoppte abrupt die umfangreichen Streckenausbauten, die noch geplant waren. Die zweite Ausbauetappe der Berliner U-Bahn setzte sich im neuen Jahrzehnt nicht fort.

In der nationalsozialistischen Ära wurden dann zwar verschiedene Pläne zur Erweiterung des U-Bahn-Netzes geschmiedet und teilweise auch Tunnelbauarbeiten begonnen, man favorisierte jedoch zunächst den Bau der planerisch bereits sehr weit fortgeschrittenen Nord-Süd-S-Bahn.

Hinsichtlich der Berliner U-Bahn ist in diesem Jahrzehnt der Umbau des Hochbahnhofs Möckernbrücke in den Jahren 1936/37 nach modernen architektonischen Gesichtspunkten erwähnenswert – ebenso wie die erhebliche Verkehrsleistung, die auch die U-Bahn während der überwiegend auf dem „Reichssportfeld“ stattfindenden Olympischen Spiele im Sommer 1936 erbringen musste. Von den Stationsumbenennungen fielen zwei besonders ins Auge: Reichskanzlerplatz hieß nun Adolf-Hitler-Platz (heute Theodor-Heuss-Platz) und Schönhauser Tor wurde Horst-Wessel-Platz (heute Rosa-Luxemburg-Platz).

Der Beginn des Zweiten Weltkriegs am 1. September 1939 hatte zunächst zwar keine direkten betrieblichen Auswirkungen auf die U-Bahn, machte jedoch alle weiteren – teilweise gigantischen – Ausbauplanungen bald zur Makulatur.

Die Fahrt

Herausgegeben von der Berliner Verkehrs-Aktiengesellschaft

Nummer 10 | Berlin, den 15. Mai | Jahrgang 1933

U-Bahnhof Flughafen
am Fest der deutschen Arbeit

Die Nationalsozialisten erklärten den traditionellen 1. Mai zum Staatsfeiertag als „Fest der deutschen Arbeit“. Der U-Bahnhof Flughafen heißt seit 1937 Paradestraße

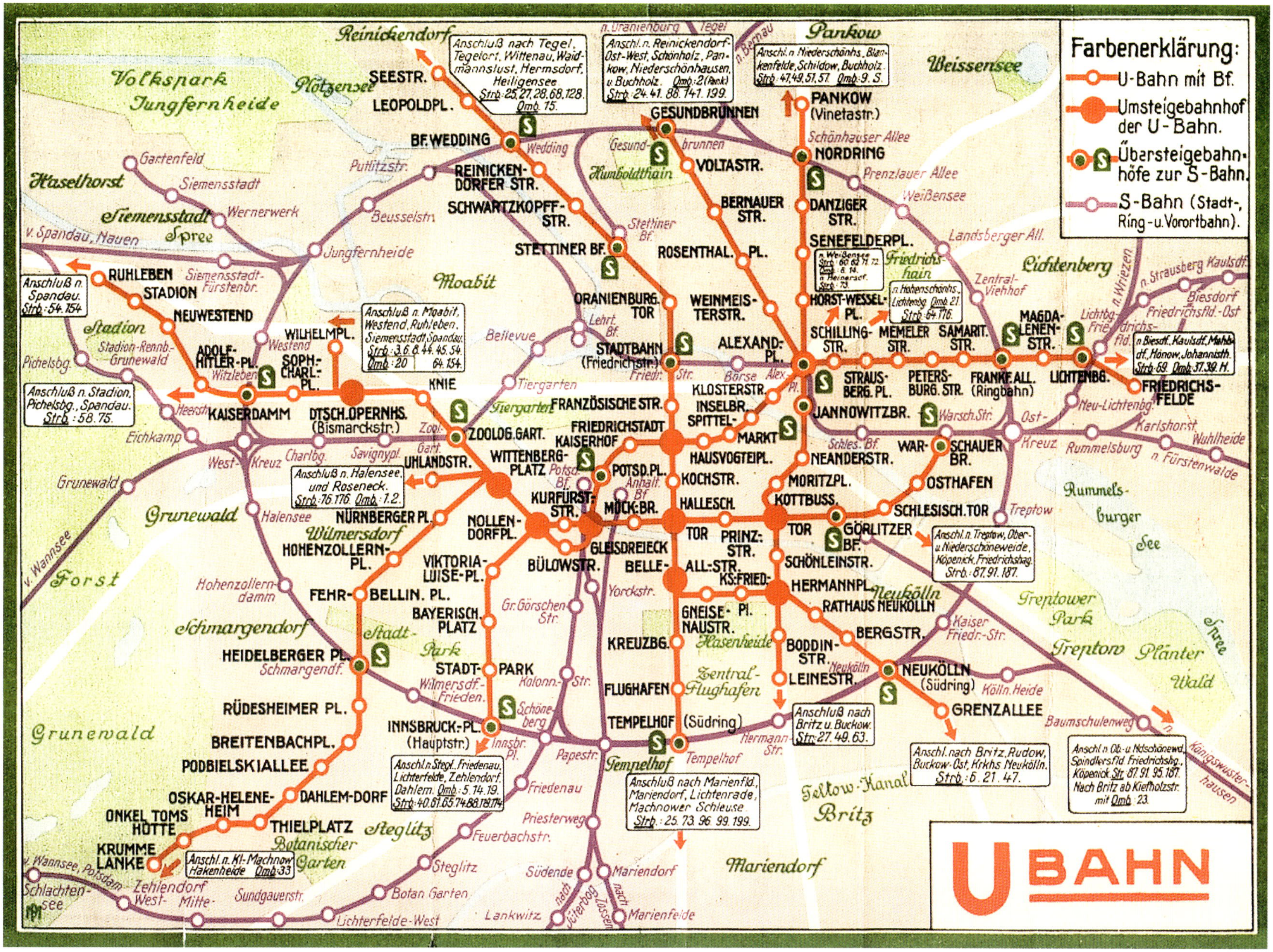

Streckenplan aus dem Jahr 1934

Der Bahnhof Stadion wurde 1935, mit Errichtung der olympischen Anlagen, in Reichssportfeld umbenannt

Der einzige während der NS-Zeit neu gestaltete Bahnhof war die Hochbahnstation Möckernbrücke, in neuer Form 1937 eröffnet

Der neue Bahnhof Möckernbrücke schmiegt sich elegant an den Verlauf des Landwehrkanals an

Der erste Leichtmetall-Triebwagen, Typ C1, in der Betriebswerkstatt Seestraße

An den U-Bahn-Wagen wurde nach und nach das 1935 eingeführte, von Sigmund von Weech gestaltete Bären-Wappen der Stadt Berlin angebracht

In Hinblick auf die Olympischen Spiele erhielt der Bahnhof Neu-Westend 1936 einen zweiten, dem Olympiastadion zugewandten Ausgang

Zusammenbruch und Wiederaufbau (1941–1950)

Mit Beginn der vierziger Jahre wurden in vielen unterirdischen Bauten Luftschutzanlagen eingerichtet, so auch in stillgelegten oder bis dahin nicht in Betrieb genommenen Streckentunneln der U-Bahn. Spuren davon sind noch heute in dem bereits um 1940 begonnenen, doch erst 1996 eröffneten U-Bahnhof Hermannstraße (Linie U8) zu sehen.

Die Bauwerke und Fahrzeuge der U-Bahn nahmen durch die Kriegseinwirkungen erheblichen Schaden, und viele Mitarbeiter kamen um. Am 25. April 1945 verkehrte der letzte U-Bahn-Zug vor dem Kriegsende (Wittenbergplatz – Ruhleben). Die Wassereinbrüche durch Sprengungen an Fluss- bzw. Kanalunterquerungen überfluteten rund ein Drittel der Tunnelstrecken; man schätzt die Wassermenge auf zirka eine Million Kubikmeter.

Dennoch fuhren bereits am 14. Mai 1945 wieder die ersten U-Bahn-Züge (Schönleinstraße – Boddinstraße; Hermannplatz – Bergstraße, heute Karl-Marx-Straße). Die Beseitigung aller Schäden hingegen dauerte noch Jahre, und durch die Abgabe von 120 der modernsten Berliner U-Bahn-Wagen (Typ C) an die Metro Moskau im September 1945 (Reparationsleistung) entstand ein erheblicher Wagenmangel.

Während der Berliner Blockade vom 24. Juni 1948 bis 12. Mai 1949 wurde der U-Bahn-Verkehr in den westlichen Sektoren Berlins aus Strommangel nach 18 Uhr eingestellt.

Gleich zwei Verkehrsmittel wurden durch diesen Bombentreffer außer Betrieb gesetzt: Straßenbahn und U-Bahn. Die Hasenheide im Mai 1944

Für den „Endkampf" wurde der U-Bahnhof Knie im März 1945 buchstäblich in eine Festung verwandelt, mit wenig Erfolg

Schwere Kriegsschäden wies bei Kriegsende auch der Bahnhof Gleisdreieck auf

Mit Vollgummireifen und kyrillischem Nummernschild holt dieser Schlepper den Kleinprofiltriebwagen 55 von der Betriebswerkstatt Grunewald ab, um ihn in den sowjetischen Sektor zur Linie E zu bringen, Oktober 1945

Kleinprofilzug auf Großprofilstrecke. Zum Ausgleich erhielten die schmalen Wagen an den Seiten „Blumenbretter". Eine Aufnahme vom Alexanderplatz (Linie E)

Streckenplan aus dem Jahr 1947

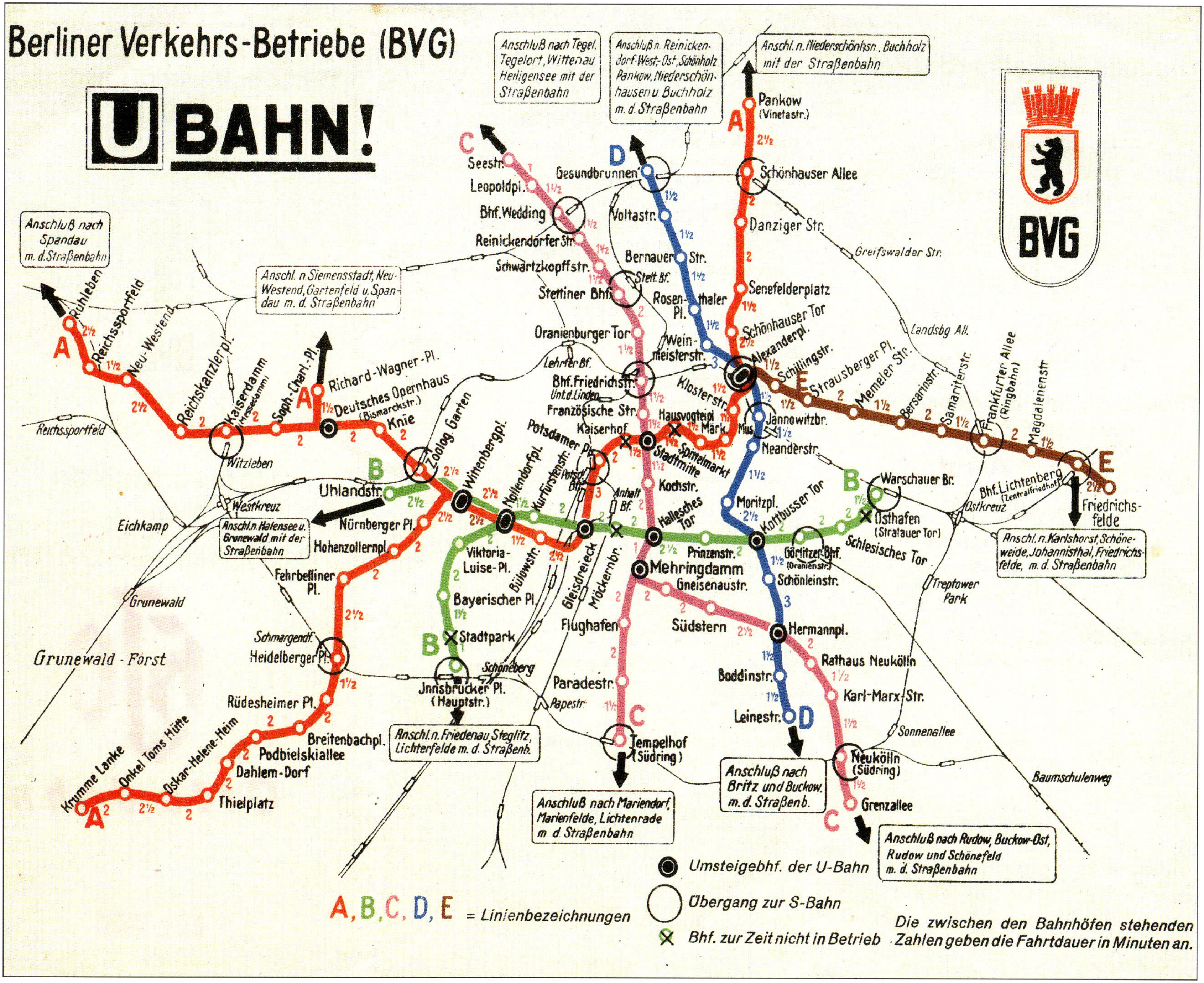

Berliner Verkehrs-Betriebe (BVG)
U BAHN!
BVG
Anschluß nach Spandau m. d. Straßenbahn
Anschl. n. Siemensstadt, Neu-Westend, Gartenfeld u. Spandau m. d. Straßenbahn
Anschluß nach Tegel, Tegelort, Wittenau Heiligensee mit der Straßenbahn
Anschluß n. Reinickendorf-West,-Ost, Schönholz Pankow, Niederschönhausen u Buchholz m. d. Straßenbahn
Anschl. n. Niederschönhsn., Buchholz mit der Straßenbahn
Pankow (Vinetastr.)
Schönhauser Allee
Danziger Str.
Senefelderplatz
Schönhauser Tor
Alexanderpl.
Gesundbrunnen
Voltastr.
Bernauer Str.
Stett. Bf.
Rosenthaler Pl.
Weinmeisterstr.
Seestr.
Leopoldpl.
Bhf. Wedding
Reinickendorfer Str.
Schwartzkopffstr.
Stettiner Bhf.
Oranienburger Tor
Lehrter Bf.
Bhf. Friedrichstr. Unt. d. Linden
Französische Str.
Kaiserhof
Stadtmitte
Hausvogteipl.
Märk. Mus.
Spittelmarkt
Klosterstr.
Jannowitzbr.
Neanderstr.
Moritzpl.
Kottbusser Tor
Schillingstr.
Strausberger Pl.
Memeler Str.
Bersarinstr.
Samariterstr.
Frankfurter Allee (Ringbahn)
Magdalenenstr.
Bhf. Lichtenberg (Zentralfriedhof)
Friedrichsfelde
Ostkreuz
Greifswalder Str.
Landsbg. All.
Warschauer Br.
Osthafen (Stralauer Tor)
Schlesisches Tor
Görlitzer Bhf. (Oranienstr.)
Treptower Park
Anschl. n. Karlshorst, Schöneweide, Johannisthal, Friedrichsfelde, m. d. Straßenbahn
Ruhleben
Reichssportfeld
Neu-Westend
Reichskanzlerpl.
Kaiserdamm (Messedamm)
Soph.-Charl.-Pl.
Richard-Wagner-Pl.
Deutsches Opernhaus (Bismarckstr.)
Knie
Zoolog. Garten
Wittenbergpl.
Nollendorfpl.
Kurfürstenstr.
Potsdamer Pl.
Potsd. Bf.
Anhalt Bf.
Kochstr.
Hallesches Tor
Prinzenstr.
Mehringdamm
Gneisenaustr.
Südstern
Hermannpl.
Schönleinstr.
Rathaus Neukölln
Karl-Marx-Str.
Neukölln (Südring)
Grenzallee
Boddinstr.
Leinestr.
Sonnenallee
Baumschulenweg
Reichssportfeld
Witzleben
Westkreuz
Eichkamp
Grunewald
Grunewald - Forst
Anschl. n. Halensee u. Grunewald mit der Straßenbahn
Uhlandstr.
Nürnberger Pl.
Hohenzollernpl.
Fehrbelliner Pl.
Schmargendf.
Heidelberger Pl.
Rüdesheimer Pl.
Breitenbachpl.
Podbielskiallee
Dahlem-Dorf
Thielplatz
Oskar-Helene-Heim
Onkel Toms Hütte
Krumme Lanke
Viktoria-Luise-Pl.
Bayerischer Pl.
Stadtpark
Innsbrucker Pl. (Hauptstr.)
Schöneberg
Bülowstr.
Gleisdreieck
Möckernbr.
Flughafen
Paradestr.
Papestr.
Tempelhof (Südring)
Anschl. n. Friedenau, Steglitz, Lichterfelde m. d. Straßenb.
Anschluß nach Mariendorf, Marienfelde, Lichtenrade m. d. Straßenbahn
Anschluß nach Britz und Buckow m. d. Straßenb.
Anschluß nach Rudow, Buckow-Ost, Rudow und Schönefeld m. d. Straßenbahn
Umsteigebhf. der U-Bahn
Übergang zur S-Bahn
Bhf. zur Zeit nicht in Betrieb
A, B, C, D, E = Linienbezeichnungen
Die zwischen den Bahnhöfen stehenden Zahlen geben die Fahrtdauer in Minuten an.

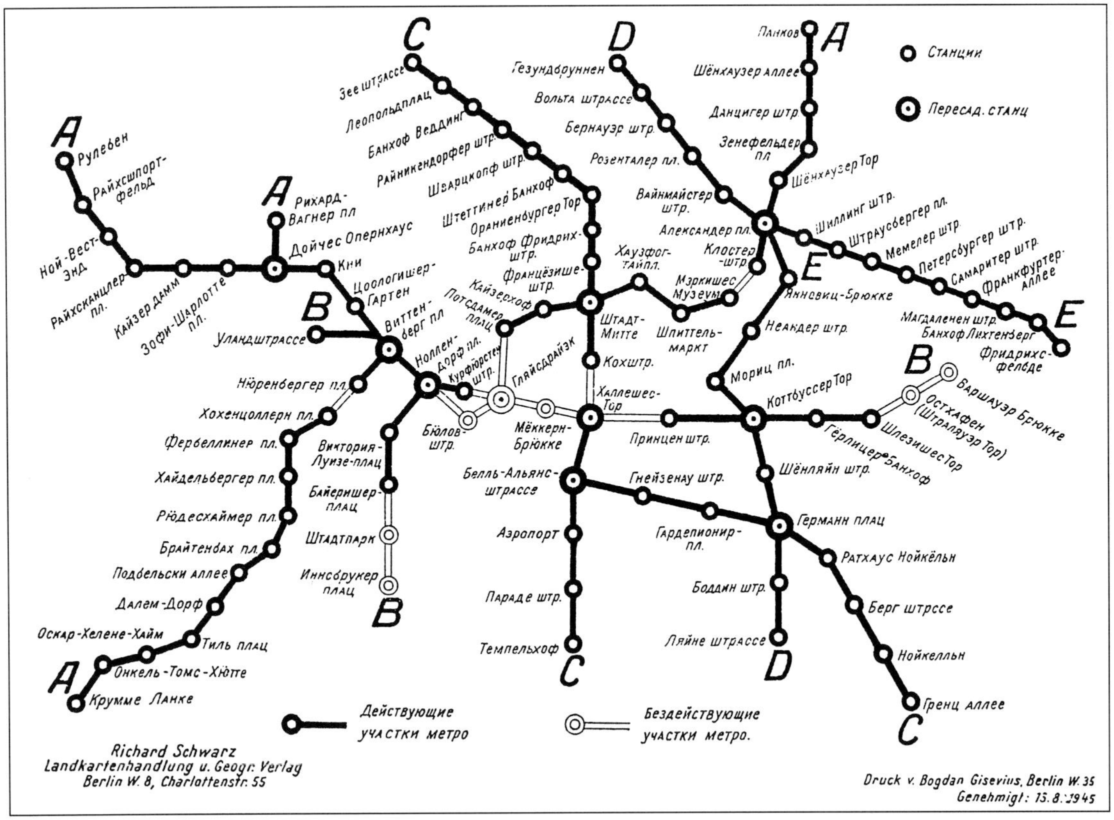

Berliner U-Bahn-Netz vom August 1945 mit kyrillischer Schrift

Zwanzig Jahre lang verkehrten die „entführten" Berliner C-Wagen in Moskau. Hier zu sehen neben einem original russischen Metrozug im Mai 1961

Ein neuer Beginn (1951–1960)

Der Arbeiteraufstand in Ost-Berlin am 17. Juni 1953, der durch sowjetisches Militär niedergeschlagen wurde, verschlechterte das angespannte Verhältnis der beiden Stadthälften. Auch die Gräben zwischen den seit August 1949 getrennten Verkehrsverwaltungen in West- und Ost-Berlin wurden immer tiefer, doch die U- und S-Bahnen verkehrten noch ohne wesentliche Einschränkungen in der gesamten Stadt.

In den fünfziger Jahren wurden die Ausbauplanungen für die U-Bahn wieder aufgenommen, wobei auf viele Pläne aus den zwanziger Jahren zurückgegriffen wurde. In Ost-Berlin wurde bereits 1952 ein kurzer eingleisiger Betriebstunnel nahe dem Bahnhof Klosterstraße vollendet. In West-Berlin setzte der U-Bahn-Bau 1953 wieder ein: In zwei Abschnitten wurde die heutige Linie U6 von Seestraße bis Tegel (heute Alt-Tegel) verlängert. Im Jahr 1956 begann man mit dem Bau einer ganz neuen U-Bahn-Strecke – zwischen Wedding und Wilmersdorf (damals als Linie G bezeichnet, heute Linie U9).

Beide U-Bahn-Verwaltungen entwickelten unabhängig voneinander neue U-Bahn-Fahrzeuge für die Großprofilstrecken (Typen D und E).

Die dritte Ausbauphase beginnt. Der erste Rammschlag in der Müllerstraße am 26. Oktober 1953

Für den Bau der neuen Linie G musste auch der alte U-Bahnhof Zoologischer Garten umgebaut werden

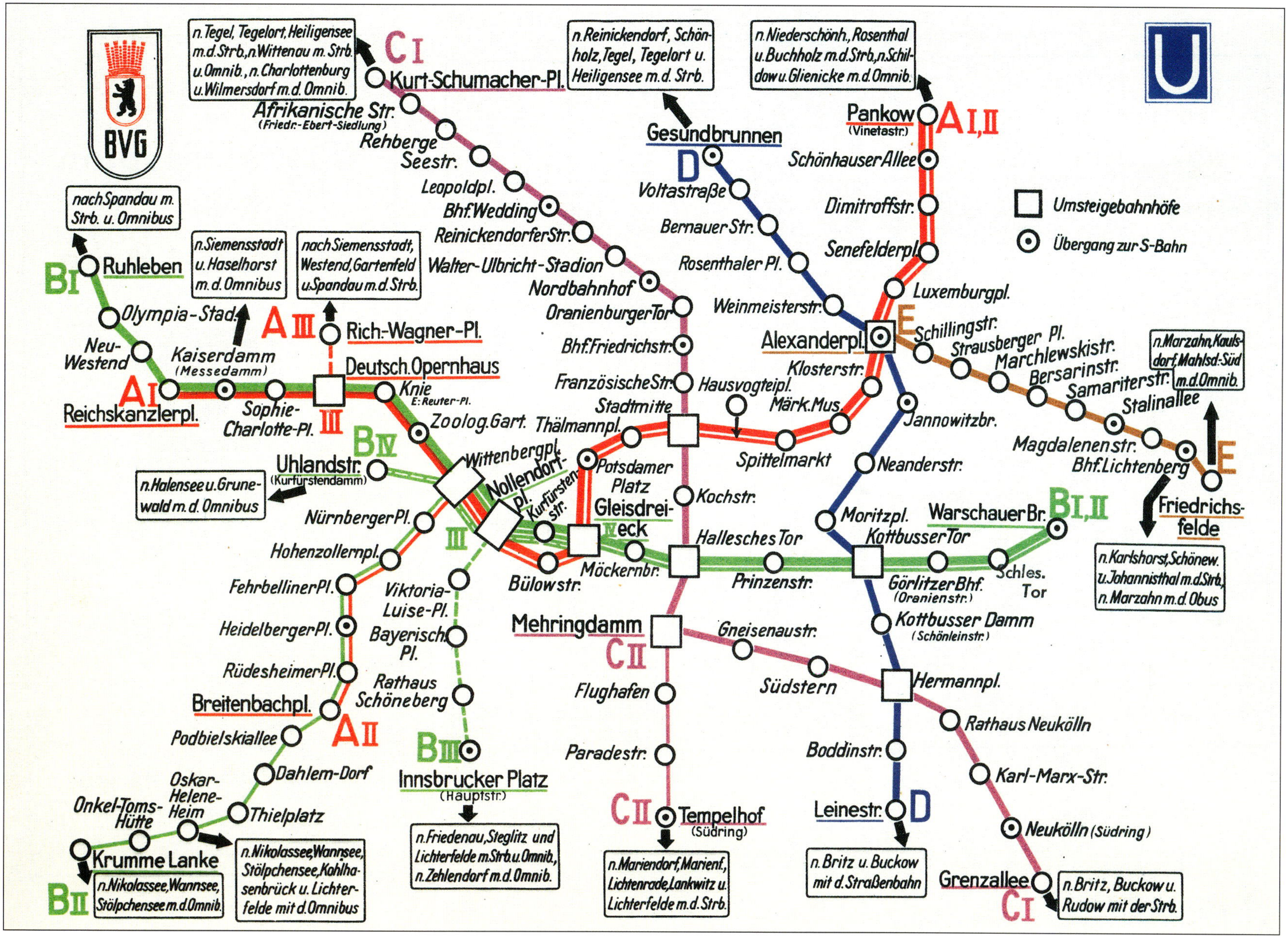

Streckenplan aus dem Jahr 1957

Auch 1960 fuhr die U-Bahn noch ungehindert über die Sektorengrenze, hier an der Oberbaumbrücke

In Richtung Tegel wurde die U-Bahn-Strecke auf einem Erddamm angelegt, einschließlich der drei Bahnhöfe Scharnweberstraße, Seidelstraße und Holzhauser Straße

Postkarte der BVG mit sieben Motiven
aus dem U-Bahn-Leben

Im August 1957 erhielt die BVG-Ost vom Waggonbau Ammendorf einen Versuchszug des neuen Typs E, der allerdings nicht die Serienreife erlangte

Im Juli 1951 wurde der Hochbahnhof Danziger Straße im Ostsektor nach dem bulgarischen Politiker in Dimitroffstraße umbenannt

Im Schatten des Mauerbaus (1961–1970)

Der Mauerbau am 13. August 1961 durch die Regierung der DDR führte bei der Berliner U-Bahn zur Betriebseinstellung auf den über die Sektorengrenze führenden Abschnitten: Schlesisches Tor bis Warschauer Brücke (heute Warschauer Straße) und Gleisdreieck bis Thälmannplatz (heute Mohrenstraße). Außerdem wurden alle in Ost-Berlin gelegenen U-Bahnhöfe der beiden Nord-Süd-Linien (heute Linien U6 und U8) geschlossen. Die Züge durchfuhren die Bahnhöfe der Linien C und D ohne Halt, diese wurden zu „Geisterbahnhöfen“. Geöffnet blieb der Bahnhof Friedrichstraße, als „Grenzübergang“ nach Ost-Berlin und Umsteigebahnhof zur Fern- und S-Bahn.

Erstmals nach 1930 wurde, wegen des Mauerbaus auf den 28. August 1961 vorverlegt, eine vollständig neu gebaute U-Bahn-Strecke – zwischen Wedding und Wilmersdorf – in Betrieb genommen. Darüber hinaus erreichten Streckenverlängerungen Britz-Süd, Alt-Mariendorf und den U-Bahnhof Zwickauer Damm. Durch die letztgenannte Verlängerung wurde das riesige neue Wohngebiet im Süden Neuköllns, die „Gropiusstadt“, erschlossen.

Nach Schließung der Sektorengrenze am 13. August 1961 wurde auch die U-Bahn-Strecke, hier auf der Oberbaumbrücke, festungsartig verrammelt

Die auf dem Bahnhof Warschauer Brücke verbliebenen West-U-Bahn-Wagen wurden kurz nach dem 13. August auf Straßenrollern abtransportiert

An den nunmehr geschlossenen „Geisterbahnhöfen“ waren noch jahrelang die „U“-Schilder zu sehen. Hier Heinrich-Heine-Straße, Ecke Schmidstraße, Oktober 1962

In der Brunnenstraße, unmittelbar an der Grenze zum französischen Sektor, wurde 1965 der U-Bahn-Eingang beseitigt, nicht ohne Propaganda-Begleitung

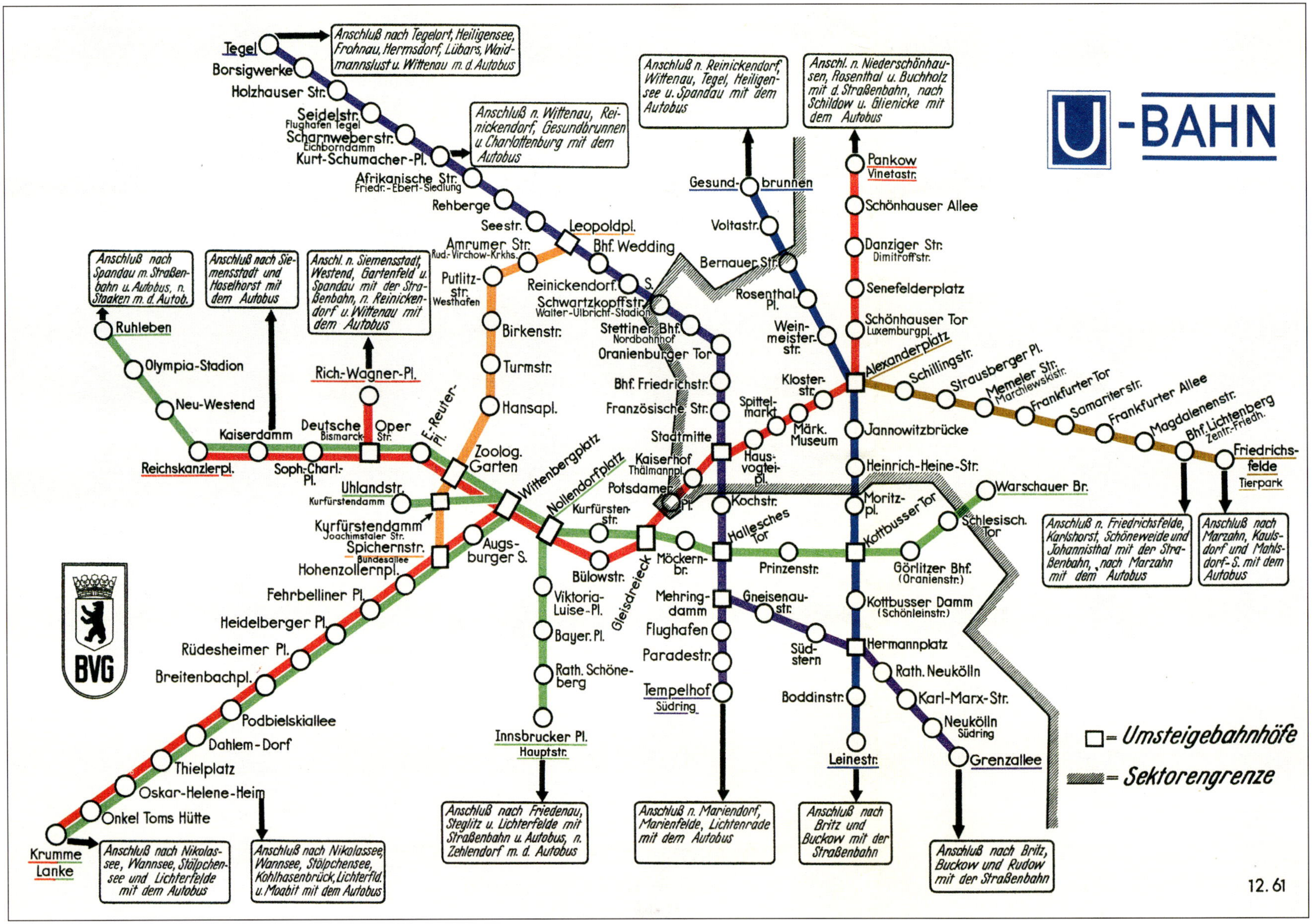

Streckenplan vom Dezember 1961. Die BVG-West zeigte auf ihren Plänen immer das gesamte U-Bahn-Netz

Für den Ost-Berliner Fahrgast gab es den Westteil Berlins nicht mehr. Dieser reduzierte Plan vom Dezember 1961 hing in den Zügen aus

Blick in eine Halle der Betriebswerkstatt Grunewald
beim U-Bahnhof Olympia-Stadion

Bauboom in West-Berlin (1971–1980)

Das Verhältnis der beiden deutschen Staaten entspannte sich etwas; die West-Berliner durften wieder – mit Einschränkungen – Ost-Berlin und die DDR besuchen, doch das änderte für den geteilten Berliner U-Bahn-Verkehr nichts.

Im Juni 1973 wurde das U-Bahn-Netz in Ost-Berlin um eine kurzes Stück erweitert, womit der Tierpark in Friedrichsfelde seinen eigenen U-Bahnhof bekam. Im Westteil Berlins wurden 1971 zwei sich am U-Bahnhof Berliner Straße kreuzende Strecken (Spichernstraße – Walther-Schreiber-Platz; Möckernbrücke – Fehrbelliner Platz) in Betrieb genommen. Weite Teile von Wilmersdorf, Steglitz und Schöneberg erhielten dadurch Anschluss an die U-Bahn (Linien U7, U9). Im Wedding trafen sich zwei Linien (U8, U9) am Kreuzungsbahnhof Osloer Straße. Die aus dem Süden von Neukölln kommende Linie U7 wurde außerdem in zwei Etappen (1978 und 1980) vom Fehrbelliner Platz über den Richard-Wagner-Platz bis Rohrdamm verlängert; diese längste Berliner U-Bahn-Linie erreicht damit erstmals das Gebiet des Bezirks Spandau.

Auch die Fahrzeugtechnik schritt weiter voran, in beiden Stadtteilen wurden der Öffentlichkeit neue Wagentypen präsentiert (Großprofiltyp F für das Westnetz, Kleinprofiltyp GI für das Ostnetz).

Ein U-Bahnhof wird versenkt. Ein Tunnelstück am künftigen Bahnhof Altstadt Spandau wird zu ebener Erde betoniert und anschließend im Spülverfahren in die Erde gebracht, November 1980

Streckenplan von 1978. Das graphische Bild der „Netzspinne" wird eckiger

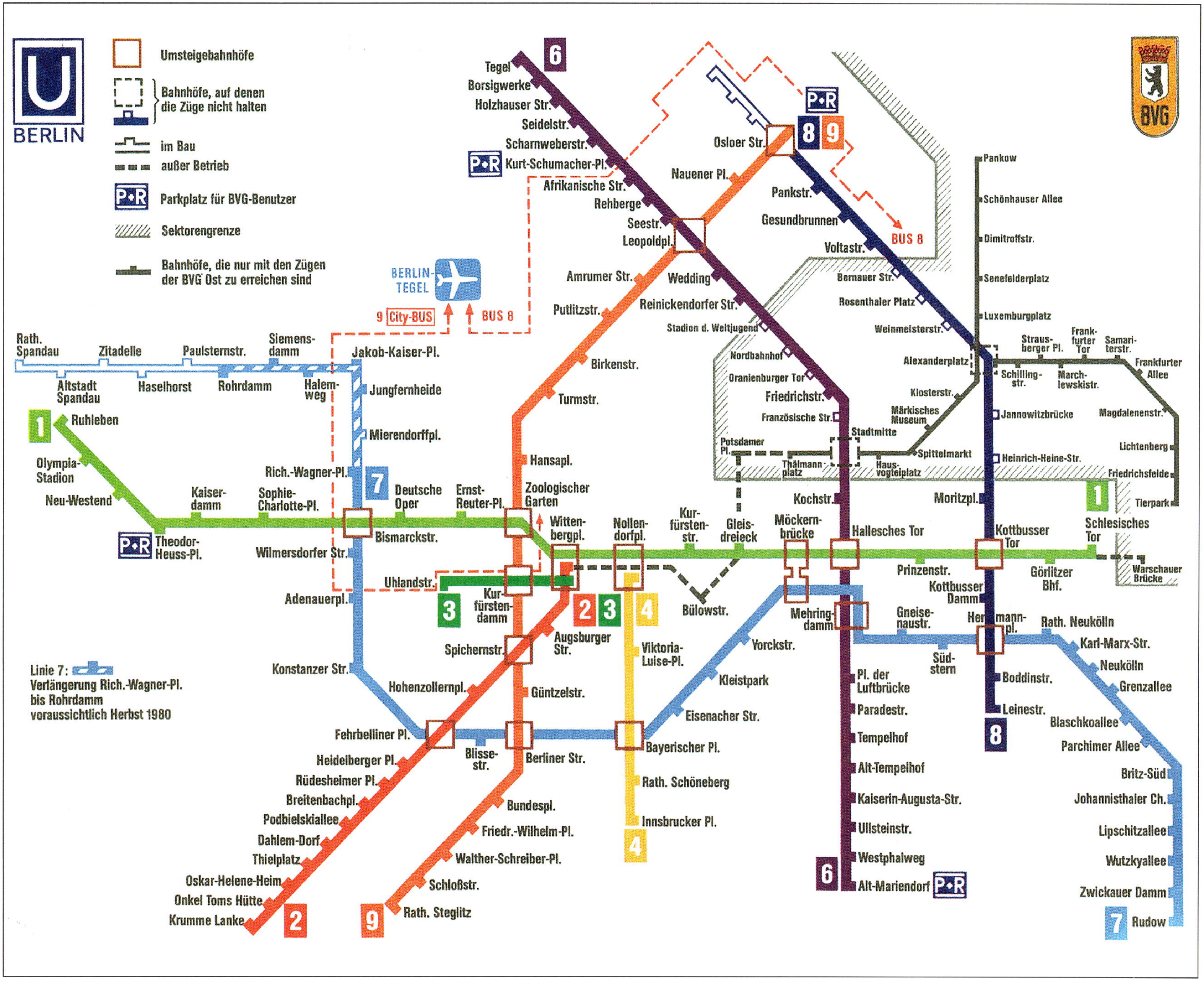
U
BERLIN
Umsteigebahnhöfe
Bahnhöfe, auf denen die Züge nicht halten
im Bau
außer Betrieb
P+R Parkplatz für BVG-Benutzer
Sektorengrenze
Bahnhöfe, die nur mit den Zügen der BVG Ost zu erreichen sind
BVG
BERLIN-TEGEL
9 City-BUS
BUS 8
Linie 7: Verlängerung Rich.-Wagner-Pl. bis Rohrdamm voraussichtlich Herbst 1980
6
Tegel
Borsigwerke
Holzhauser Str.
Seidelstr.
Scharnweberstr.
Kurt-Schumacher-Pl.
Afrikanische Str.
Rehberge
Seestr.
Leopoldpl.
Wedding
Reinickendorfer Str.
Stadion d. Weltjugend
Nordbahnhof
Oranienburger Tor
Friedrichstr.
Französische Str.
Stadtmitte
Kochstr.
Hallesches Tor
Mehring-damm
Pl. der Luftbrücke
Paradestr.
Tempelhof
Alt-Tempelhof
Kaiserin-Augusta-Str.
Ullsteinstr.
Westphalweg
Alt-Mariendorf
8
9
Osloer Str.
Nauener Pl.
Pankstr.
Gesundbrunnen
Voltastr.
Bernauer Str.
Rosenthaler Platz
Weinmeisterstr.
Alexanderplatz
Jannowitzbrücke
Heinrich-Heine-Str.
Moritzpl.
Kottbusser Tor
Hermann-pl.
Boddinstr.
Leinestr.
BUS 8
Amrumer Str.
Putlitzstr.
Birkenstr.
Turmstr.
Hansapl.
Zoologischer Garten
Kurfürsten-damm
Spichernstr.
Güntzelstr.
Berliner Str.
Bundespl.
Friedr.-Wilhelm-Pl.
Walther-Schreiber-Pl.
Schloßstr.
Rath. Steglitz
Pankow
Schönhauser Allee
Dimitroffstr.
Senefelderplatz
Luxemburgplatz
Klosterstr.
Märkisches Museum
Spittelmarkt
Hausvogteiplatz
Thälmann-platz
Potsdamer Pl.
Straus-berger Pl.
Frank-furter Tor
Samari-terstr.
Frankfurter Allee
Schilling-str.
March-lewskistr.
Magdalenenstr.
Lichtenberg
Friedrichsfelde
Tierpark
1
Rath. Spandau
Zitadelle
Paulsternstr.
Siemens-damm
Altstadt Spandau
Haselhorst
Rohrdamm
Halem-weg
Jakob-Kaiser-Pl.
Jungfernheide
Mierendorffpl.
Rich.-Wagner-Pl.
7
Ruhleben
Olympia-Stadion
Neu-Westend
Theodor-Heuss-Pl.
Kaiser-damm
Sophie-Charlotte-Pl.
Bismarckstr.
Deutsche Oper
Ernst-Reuter-Pl.
Wilmersdorfer Str.
Adenauerpl.
Konstanzer Str.
Hohenzollernpl.
Fehrbelliner Pl.
Blisse-str.
Uhlandstr.
Witten-bergpl.
Nollen-dorfpl.
Kur-fürsten-str.
Gleis-dreieck
Möckern-brücke
Bülowstr.
Prinzenstr.
Görlitzer Bhf.
Schlesisches Tor
Warschauer Brücke
Kottbusser Damm
Gneise-naustr.
Süd-stern
Rath. Neukölln
Karl-Marx-Str.
Neukölln
Grenzallee
Blaschkoallee
Parchimer Allee
Britz-Süd
Johannisthaler Ch.
Lipschitzallee
Wutzkyallee
Zwickauer Damm
Rudow
Yorckstr.
Kleistpark
Eisenacher Str.
Bayerischer Pl.
Rath. Schöneberg
Innsbrucker Pl.
Viktoria-Luise-Pl.
Augsburger Str.
2
3
4
Heidelberger Pl.
Rüdesheimer Pl.
Breitenbachpl.
Podbielskiallee
Dahlem-Dorf
Thielplatz
Oskar-Helene-Heim
Onkel Toms Hütte
Krumme Lanke
P+R

In Britz-Süd entstand ab 1970 eine gänzlich neue Betriebswerkstatt für das Großprofilnetz

Die Wandgestaltung des am 1. Oktober 1980 eröffneten Bahnhofs Rohrdamm soll den Industriestandort Siemensstadt symbolisieren

Die Betriebswerkstatt Friedrichsfelde des östlichen U-Bahn-Betriebes betreute sowohl Kleinprofilzüge als auch die zu Großprofilfahrzeugen umgebauten alten S-Bahn-Wagen

Am 25. Juni 1973 wurde mit dem Bahnhof Tierpark der erste neu erbaute U-Bahnhof in Ost-Berlin eröffnet

Auf der Leipziger Frühjahrsmesse 1975 wurde der Prototyp eines neuen Zuges für die Ost-Berliner Kleinprofilstrecke präsentiert

Der aus dem Prototyp entwickelte Serientyp GI gelangte ab 1978 zur Auslieferung

Viele bunte Bahnhöfe (1981–1990)

Prägend für die Bahnhofsarchitektur im West-Berlin der siebziger und achtziger Jahre war Rainer G. Rümmler. Im Gegensatz zu Grenander, der in den ersten Jahrzehnten der U-Bahn vom verspielten Jugendstil zu immer mehr Sachlichkeit fand, ging Rümmler den umgekehrten Weg. Sein sehr sachlicher Baustil der ersten Jahre (z.B. Ullsteinstraße, 1966) wurde immer verspielter und bunter (z.B. Rohrdamm, 1980); in den achtziger Jahren entstanden dann üppige Kathedralen (z.B. Rathaus Spandau, 1984).

Der deutsche Bundeskanzler Helmut Kohl fuhr am 1. Oktober 1984 U-Bahn – wie Kaiser Wilhelm II. 1908 anlässlich einer Streckenverlängerung. Neben der hier eingeweihten Verlängerung von Rohrdamm bis Rathaus Spandau (Linie U7) wurde in West-Berlin auch die Strecke von Osloer Straße bis Paracelsus-Bad (Linie U8) eröffnet.

Im Ostteil Berlins wurde mit der U-Bahn in zwei Etappen (1988/89) ein riesiges neues Wohngebiet zwischen Biesdorf, Kaulsdorf und Hellersdorf erschlossen – es entstand die direkte Verbindung zum Alexanderplatz. Die Strecke verläuft weder vollständig im Untergrund noch als Hochbahn auf Stahlviadukten, sondern – für Berlin eher untypisch – meist im Einschnitt und auf einem Erddamm. Für diese Großprofilstrecke wurden neue Fahrzeuge gebaut (Typ EIII) und zusätzlich ältere Wagen des Typs D von der West-Berliner U-Bahn erworben.

Der denkmalwürdige Endbahnhof Krumme Lanke musste wegen schlechten Erhaltungszustandes gänzlich abgerissen werden. Er wurde Ende der achtziger Jahre Stein für Stein in alter Form wieder aufgebaut

Zum 750. Stadtjubiläum 1987 wurden die Wände des Bahnhofs Klosterstraße mit großen Abbildungen historischer Berliner Verkehrsmittel geschmückt

In West-Berlin musste für das Kleinprofilnetz neues Wagenmaterial beschafft werden. Hier der Doppel-Triebwagen 640/641 des Typs A3L 82 am 3. Mai 1983 am Bahnhof Olympia-Stadion

Für die stolze Stadt Spandau baute Rainer G. Rümmler neben das Rathaus einen repräsentativen Endbahnhof für die U7. Er wurde am 1. Oktober 1984 eröffnet

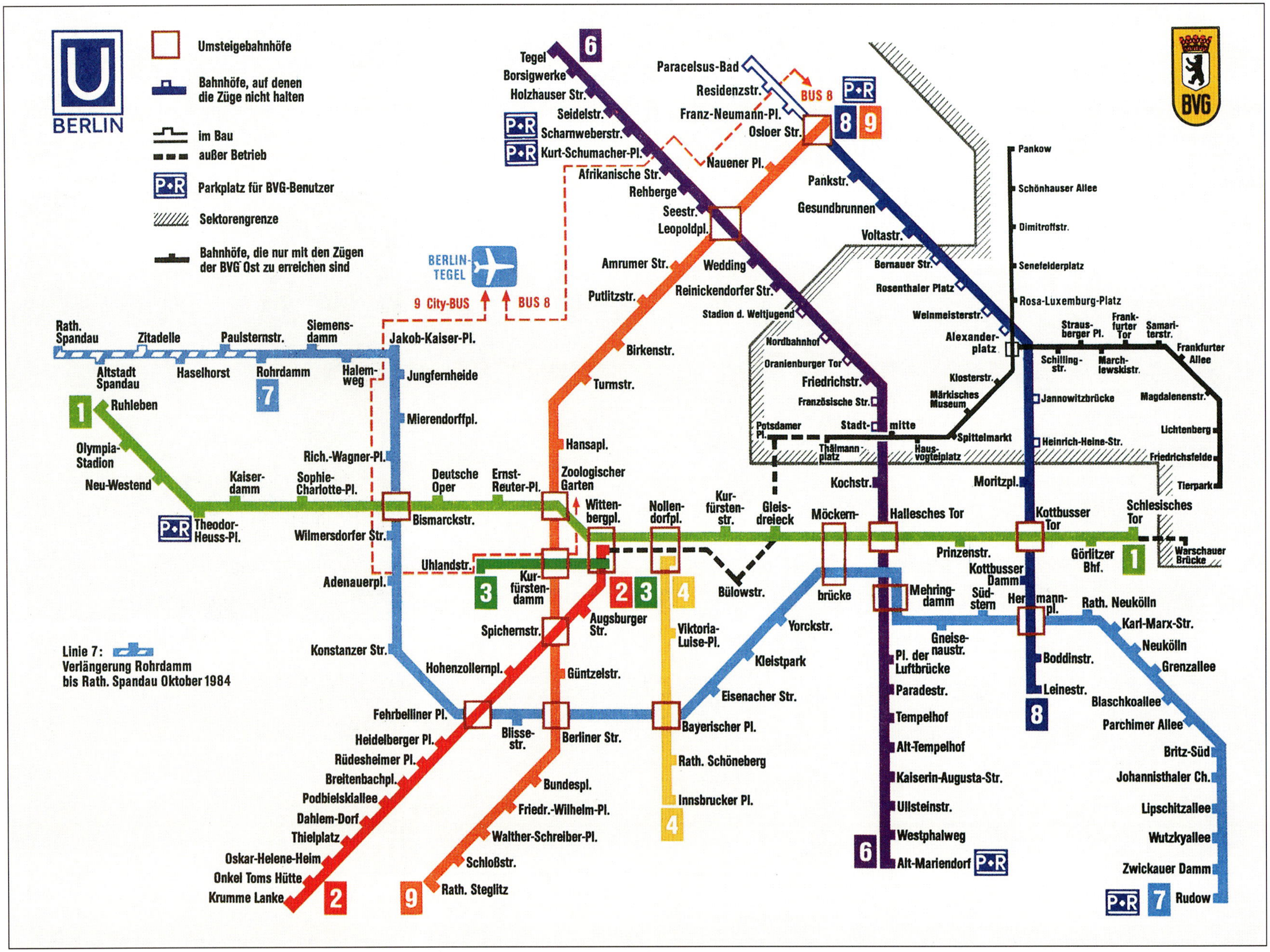

Streckenplan aus dem Jahr 1983

Die Ost-Berliner Verkehrsbetriebe begannen,
beide Schnellbahn-Systeme, U- und S-Bahn,
auf einer gemeinsamen Netzspinne darzustellen.
Plan aus dem Jahr 1988

Um sich von den West-Fahrzeugen abzugrenzen, führten die BVB (BVG-Ost) ein neues Farbschema für ihre Fahrzeuge ein: grau und gelb. Die Wagennummern waren nun EDV-gerecht sechsstellig mit angehängter Kontrollziffer

Die Verlängerung der Ost-Linie E von Tierpark bis Hönow verläuft fast ausschließlich oberirdisch, zum Teil auf einer ehemaligen Eisenbahntrasse. Hier Bahnhof Elsterwerdaer Platz im Juli 1988

Ost und West wachsen wieder zusammen (1991–2002)

Im wieder vereinigten Berlin wurden die verschiedenen Verwaltungen zusammengelegt, jahrzehntelang geschlossene U-Bahnhöfe (teilweise bereits ab Ende 1989) wieder geöffnet und unterbrochene U-Bahn-Strecken (1993 und 1995) zusammengefügt. Für das Groß- und das Kleinprofilnetz wurden völlig neue Fahrzeuge entwickelt (Typen H und HK). In den Jahren 1996 und 2000 bekamen zwei U-Bahn-Linien mit kurzen, aber teuren Tunnelneubauten Anschluss an S-Bahn-Strecken (Hermannstraße und Pankow). Der weitere Ausbau der U-Bahn ist ungewiss.

Einige Ost-Berliner Kleinprofilfahrzeuge (Typ GI) – ihr Ersteinsatz war teilweise bei der Athener U-Bahn (zwischen Kifissia und Piräus) – sind Mitte der neunziger Jahre an die U-Bahn in der nordkoreanischen Hauptstadt Pjöngjang verkauft worden. Auch Fahrzeuge des Großprofiltyps D sind inzwischen in Nordkorea im Einsatz.

Seit Mitte der neunziger Jahre sind bei der U-Bahn merkwürdige Dinge zu beo-bachten: Begeisterte Berliner und Berlin-Besucher begeben sich, mit gelben Schutzhelmen versehen, zu so genannten „Cabrio“-Fahrten in den zugigen nächtlichen Berliner Untergrund. Das können eigentlich nur wahre Freunde der Berliner U-Bahn sein!

Paris in Berlin. Das bekannte Pariser Kaufhaus „Galeries Lafayette" errichtete seine Berliner Filiale neben dem U-Bahnhof Französische Straße

Streckenplan aus dem Jahr 2001, Ausschnitt

B
A
Berlin
Flughafen Berlin-Tegel TXL
Otto Lilienthal
TXL X9 109 128
Flughafen Berlin-Tempelhof THF
Borsigwerke
Holzhauser Str.
Seidelstr.
Scharnweberstr.
Kurt-Schumacher-Platz
Afrikanische Str.
Rehberge
Seestr.
Amrumer Str.
Eichborndamm
Karl-Bonhoeffer-Nervenklinik
Lindauer Allee
Paracelsus-Bad
Residenzstr.
Franz-Neumann-Platz
Am Schäfersee
Osloer Str.
Alt-Reinickendorf
Schönholz
Wollankstr.
Pankow
Vinetastr.
Bornholmer Str.
Pankstr.
Nauener Platz
Leopoldplatz
Haselhorst
Paulsternstr.
Rohrdamm
Siemensdamm
Halemweg
Jakob-Kaiser-Platz
Jungfernheide
Westhafen
Beusselstr.
Birkenstr.
Wedding
Gesundbrunnen
Humboldthain
Voltastr.
Schönhauser Allee
Prenzlauer Allee
Greifswalder Str.
Landsberger Allee
Storkower Str.
Frankfurter Allee
Magdalenenstr.
Ruhleben
Mierendorffplatz
Turmstr.
Reinickendorfer Str.
Schwartzkopffstr.
Zinnowitzer Str.
Oranienburger Tor
Oranienburger Str.
Nordbahnhof
Bernauer Str.
Rosenthaler Platz
Weinmeisterstr.
Eberswalder Str.
Senefelderplatz
Rosa-Luxemburg-Platz
Alexanderplatz
Strausberger Platz
Schillingstr.
Weberwiese
Frankfurter Tor
Samariterstr.
Westend
Richard-Wagner-Platz
Olympia-Stadion
Neu-Westend
Kaiserdamm
Sophie-Charlotte-Pl.
Deutsche Oper
Ernst-Reuter-Pl.
Tiergarten
Bellevue
Lehrter Stadtbahnhof
Friedrichstr.
Hackescher Markt
Theodor-Heuss-Platz
Witzleben
Bismarckstr.
Hansaplatz
Zoologischer Garten
X9 109
Unter den Linden
Klosterstr.
Märkisches Museum
Spittelmarkt
Hausvogteipl.
Jannowitzbrücke
Heinrich-Heine-Str.
Ostbahnhof
Warschauer Str.
Savignyplatz
Potsdamer Platz
Mendelssohn-Bartholdy-Park
Französische Str.
ZOB
ICC
Messe
Wilmersdorfer Str.
Charlottenburg
Nollendorfplatz
Wittenbergplatz
Kurfürstenstr.
Kurfürstendamm
Anhalter Bahnhof
Mohrenstr.
Stadtmitte
Kochstr.
Moritzplatz
Görlitzer Bahnhof
Eichkamp Messe
Uhlandstr.
Möckernbrücke
Prinzenstr.
Ostkreuz
Spichernstr.
Augsburger Str.
Bülowstr.
Gleisdreieck
Hallesches Tor
Kottbusser Tor
Schlesisches Tor
Nöldnerplatz
Westkreuz
Adenauerplatz
Hohenzollernplatz
Viktoria-Luise-Platz
Yorckstr.
Großgörschenstr.
Schönleinstr.
Friedrichsfelde
Konstanzer Str.
Blissestr.
Güntzelstr.
Bayerischer Platz
Gneisenaustr.
Südstern
Rummelsburg
Grunewald
Fehrbelliner Platz
Berliner Str.
Eisenacher Str.
Kleistpark
Mehringdamm
Hermannplatz
Treptower Park
Halensee
Rathaus Schöneberg
Platz der Luftbrücke
Boddinstr.
Rathaus Neukölln
Hohenzollerndamm
Paradestr.
Karl-Marx-Str.
Plänterwald
Leinestr.
Sonnenallee
Heidelberger Platz
Bundesplatz
Schöneberg
Papestr.
Tempelhof
Rüdesheimer Platz
Friedrich-Wilhelm-Platz
Innsbrucker Platz
Friedenau
Alt-Tempelhof
Hermannstr.
Neukölln
Köllnische Heide
Breitenbachplatz
Walther-Schreiber-Platz
Kaiserin-Augusta-Str.
Grenzallee
Blaschkoallee
Podbielskiallee
Feuerbachstr.
Schloßstr.
Ullsteinstr.
Parchimer Allee
Schöneweide
Dahlem-Dorf
Priesterweg
Rathaus Steglitz
Britz-Süd
Westphalweg
Thielplatz
Attilastr.
Johannisthaler Chaussee
Alt-Mariendorf
Botanischer Garten
Südende
Marienfelde
Lipschitzallee
Oskar-Helene-Heim
Lankwitz
Nikolassee
Buckower Chaussee
Wutzkyallee
Onkel Toms Hütte
Lichterfelde West
Lichterfelde Ost
Zwickauer Damm
Wannsee
Schichauweg
Krumme Lanke
Osdorfer Str.
Sundgauer Str.
Lichtenrade
Lichterfelde Süd
Rudow
Schlachtensee
Mexikoplatz
Zehlendorf
Teltow
Mahlow
Medienstadt Babelsberg
Schienenersatzverkehr

„U-Bahn 2000" nennt die BVG ihren neuesten Zug vom Typ H; mit Durchgang durch alle sechs Wagen ein echter „D-Zug"

Der Bahnhof Mendelssohn-Bartholdy-Park fügt sich durch seine moderne Sachlichkeit gut in das Stadtbild um den neuen Potsdamer Platz ein

Der Hochbahnhof Mendelssohn-Bartholdy-Park ist der erste von der BVG in Eigenregie errichtete Bahnhof

Die historische Oberbaumbrücke wurde nach der Wiedervereinigung mustergültig restauriert und im Mittelteil neu gestaltet, Architekt war Santiago Calatrava

Ein „Rosinenbomber" aus der Zeit der Luftbrücke 1948/49 grüßt vom Dach des Technikmuseums die vorbeifahrende U-Bahn der Linie 1

Streckeneröffnungen

18. Februar 1902	Stralauer Thor – Potsdamer Platz
11. März 1902	Potsdamer Platz – Zoologischer Garten
25. März 1902	Stralauer Thor – Zoologischer Garten
17. August 1902	Stralauer Thor – Warschauer Straße
14. Dezember 1902	Zoologischer Garten – Ernst-Reuter-Platz
14. Mai 1906	Ernst-Reuter-Platz – Richard-Wagner-Platz
29. März 1908	Deutsche Oper – Theodor-Heuss-Platz
1. Oktober 1908	Potsdamer Platz – Spittelmarkt
1. Dezember 1910	Nollendorfplatz – Innsbrucker Platz
3. November 1912	Inbetriebnahme Hochbahnhof Gleisdreieck (Turmbahnhof)
3. November 1912	Theodor-Heuss-Platz – Werkstatt Grunewald (nur für Betriebsfahrten)
8. Juni 1913	Inbetriebnahme Bahnhof Olympia-Stadion (nur bei Veranstaltungen)
1. Juli 1913	Spittelmarkt – Alexanderplatz
27. Juli 1913	Alexanderplatz – Schönhauser Allee
12. Oktober 1913	Wittenbergplatz – Uhlandstraße
12. Oktober 1913	Wittenbergplatz – Thielplatz
20. Mai 1922	Theodor-Heuss-Platz – Olympia-Stadion (regulärer Betrieb)
30. Januar 1923	Hallesches Tor – Zinnowitzer Straße
8. März 1923	Zinnowitzer Straße – Seestraße
19. April 1924	Hallesches Tor – Gneisenaustraße
14. Dezember 1924	Gneisenaustraße – Südstern
14. Februar 1926	Mehringdamm – Platz der Luftbrücke
11. April 1926	Südstern – Karl-Marx-Straße
24. Oktober 1926	Gleisdreieck – Wittenbergplatz (über Kurfürstenstraße)
17. Juli 1927	Schönleinstraße – Boddinstraße
10. September 1927	Platz der Luftbrücke – Paradestraße
12. Februar 1928	Schönleinstraße – Kottbusser Tor
6. April 1928	Kottbusser Tor – Heinrich-Heine-Straße
4. August 1929	Boddinstraße – Leinestraße
22. Dezember 1929	Paradestraße – Tempelhof
22. Dezember 1929	Olympia-Stadion – Ruhleben
22. Dezember 1929	Thielplatz – Krumme Lanke
18. April 1930	Heinrich-Heine-Straße – Gesundbrunnen
29. Juni 1930	Schönhauser Allee – Vinetastraße
21. Dezember 1930	Karl-Marx-Straße – Grenzallee
21. Dezember 1930	Alexanderplatz – Friedrichsfelde
10. März 1945	Hochbahnhof Osthafen aufgehoben (kriegszerstört)
3. Mai 1956	Seestraße – Kurt-Schumacher-Platz
31. Mai 1958	Kurt-Schumacher-Platz – Alt-Tegel
2. Juni 1959	U-Bahnhof Nürnberger Platz aufgehoben (Bahnhofsverschiebung)
2. Juni 1959	Inbetriebnahme U-Bahnhof Spichernstraße
8. Mai 1961	Inbetriebnahme U-Bahnhof Augsburger Straße
28. August 1961	Leopoldplatz – Spichernstraße
2. September 1961	Inbetriebnahme U-Bahnhof Kurfürstendamm (oben)
28. September 1963	Grenzallee – Britz-Süd
28. Februar 1966	Mehringdamm – Möckernbrücke
28. Februar 1966	Tempelhof – Alt-Mariendorf
2. Januar 1970	Britz-Süd – Zwickauer Damm
2. Mai 1970	Betriebseinstellung Deutsche Oper – Richard-Wagner-Platz
29. Januar 1971	Möckernbrücke – Fehrbelliner Platz
29. Januar 1971	Spichernstraße – Walther-Schreiber-Platz
1. Juli 1972	Zwickauer Damm – Rudow
25. Juni 1973	Friedrichsfelde – Tierpark
30. September 1974	Walther-Schreiber-Platz – Rathaus Steglitz
30. April 1976	Leopoldplatz – Osloer Straße
5. Oktober 1977	Gesundbrunnen – Osloer Straße
28. April 1978	Fehrbelliner Platz – Richard-Wagner-Platz
28. April 1978	Inbetriebnahme U-Bahnhof Bismarckstraße (oben)
1. Oktober 1980	Richard-Wagner-Platz – Rohrdamm
1. Oktober 1984	Rohrdamm – Rathaus Spandau
27. April 1987	Osloer Straße – Paracelsus-Bad
1. Juli 1988	Tierpark – Elsterwerdaer Platz
1. Juli 1989	Elsterwerdaer Platz – Hönow
24. September 1994	Paracelsus-Bad – Wittenau
13. Juli 1996	Leinestraße – Hermannstraße
1. Oktober 1999	Inbetriebnahme Hochbahnhof Mendelssohn-Bartholdy-Park
16. September 2000	Vinetastraße – Pankow

Es sind die gegenwärtigen und nicht die ursprünglichen Bahnhofsnamen aufgeführt; eine Ausnahme ist der frühere Hochbahnhof Stralauer Thor (später Osthafen), da diese Station nicht mehr besteht. Die kriegsbedingten Strecken- bzw. Bahnhofsschließungen sowie die Bahnhofsschließungen aus Anlass der Berliner Mauer sind nicht aufgeführt.

Literatur

Alfred Grenander, Roland Jaeger (Hrsg.), Berlin 2000

Architektur der Berliner Hoch- und Untergrundbahn, Sabine Bohle-Heintzenberg, Berlin 1980

Berlin und seine Bauten, Teil X, Band B, Anlagen und Bauten für den Verkehr (1) Städtischer Nahverkehr, Berlin/München/ Düsseldorf 1979

Berlin und seine U-Bahn, Stefan Handke, Berlin 1994

Berliner Geisterbahnhöfe, Heinz Knobloch, Berlin 1992

Berliner U-Bahn, Ulrich Lemke, Uwe Poppel, Düsseldorf 1996

Berliner U-Bahn – In Fahrt seit hundert Jahren, Jürgen Meyer-Kronthaler, Klaus Kurpjuweit, Berlin 2001

Berliner U-Bahnhöfe zwischen Krumme Lanke und Vinetastraße, Berlin 1996

Berlins S- und U-Bahnnetz – Ein geschichtlicher Streckenplan, Gerd Gauglitz, Holger Orb, Berlin 2001

Berlins U-Bahnhöfe, Jürgen Meyer-Kronthaler, Berlin 1996

Das Berliner U- und S-Bahnnetz – Eine Geschichte in Streckenplänen, Alfred Gottwaldt, Berlin 1994

Die Fahrzeuge der Berliner U-Bahn – Typ E, Andreas Biedl, Norbert Walter, Berlin 2001

Dunkle Welten – Bunker, Tunnel und Gewölbe unter Berlin, Dietmar und Ingmar Arnold, Frieder Salm, Berlin 1997

Durch Berlin mit der U-Bahn, Günther Bellmann, Berlin 2001

100 Jahre U-Bahn in Berlin, Chronik, Berliner Verkehrsblätter (Ausgabe 2-3), Berlin 2002

Kreuzberg Express – Ansichten von der Berliner Hochbahn, Fürth 1987

Stadtmitte umsteigen, Heinz Knobloch, Berlin 2002

Tegel – Zurückbleiben bitte!, Horst Bosetzky, Uwe Poppel, Berlin 1999

Tunnel, Gräben, Viadukte – 100 Jahre Baugeschichte der Berliner U-Bahn, Petra Domke, Markus Hoeft, Berlin 1998

Tunnel mit Tiefgang – Mit der U-Bahn durch Berlin, Jan Gympel, Berlin 1993

U1 – Geschichte(n) aus dem Untergrund, Denkmalpflege-Verein Nahverkehr Berlin e.V. (Hrsg.), Berlin 1995

U2 – Geschichte(n) aus dem Untergrund, Denkmalpflege-Verein Nahverkehr Berlin e.V. (Hrsg.), Berlin 1995

U4 – Geschichte(n) aus dem Untergrund, Jan Gympel, Berlin 2000

U8 – Geschichte(n) aus dem Untergrund, Denkmalpflege-Verein Nahverkehr Berlin e.V. (Hrsg.), Berlin 1994

Abbildungen

BVG-Archiv: S. 27, 32, 34 u., 38, 39 u., 40 o., 42 o., 47, 54, 58 o.
Landesarchiv Berlin: S. 36 li., 39 o., 51 u.
Jürgen Meyer-Kronthaler: S. 71 o.
Sammlung Frank: S. 40 u., 50 u., 63 o., 70 o.
Sammlung Gottwaldt: S. 33
Sammlung Hilkenbach: Vor- und Nachsatz, S. 11, 14, 15, 18 o., 20, 22, 23, 24 o., 26, 28, 30, 34 o., 35 li., 36 re., 41, 42 u., 44 re., 46 o. (Foto Schoen), 46 u. (Foto Kindermann), 48, 50 o., 51 o., 52, 53, 58 u. (Foto Gammrath), 59 u., 60, 62 o. (Foto Gammrath), 65, 66 u. (Foto Meyer-Kronthaler), 70 u.
Sammlung Kramer: S. 21, 29
Sammlung Lemke: S. 16/17, 18 u.
Sammlung Poppel: S. 16, 24 u., 45, 56, 57, 59 o., 62 u., 64, 66 o., 69
Sammlung Splittgerber: S. 71 u.
Günter Schneider: S. 4, 8, 72
Bodo Schulz: S. 63 u., 68
Senatsverwaltung für Stadtentwicklung: S. 44 li.
Ullstein Bildarchiv Berlin: S. 35 re.

Weitere Bücher zum Berliner Nahverkehr

Broschur, Großformat, 192 Seiten,
572 teils farbige Abbildungen,
ein gefalzter Netzplan DIN A1
€ 15,90
ISBN 3-89773-024-3

Das reich illustrierte Buch zeigt die Geschichte der Berliner Straßenbahn im Kontext der Stadtentwicklung von den Anfängen bis heute. Im Zentrum steht jedoch der Blick in die Zukunft: Vor dem Hintergrund der in Politik und Fachverbänden geführten Diskussion um einen Ausbau der Straßenbahn entwickeln die Autoren eine Entwicklungsperspektive, mit Vorschlägen für Strecken, Linien und Straßenraumgestaltung.

Broschur, 120 Seiten
€ 8,80
ISBN 3-89773-111-8

Bequemer und schneller kann man Berlin nicht kennen lernen! Der Stadtführer präsentiert die S-Bahn-, U-Hochbahn-, Straßenbahn- und Buslinien Berlins, die besonders gut dafür geeignet sind, sich seine persönliche Stadtrundfahrt zusammenzustellen – spontan, kostengünstig und ganz abgestimmt auf die eigenen Interessen. Dabei vermittelt der Autor kompetent alle wichtigen Informationen zu den Gebäuden, die man auf den unterschiedlichen Touren passiert.

Jaron Verlag

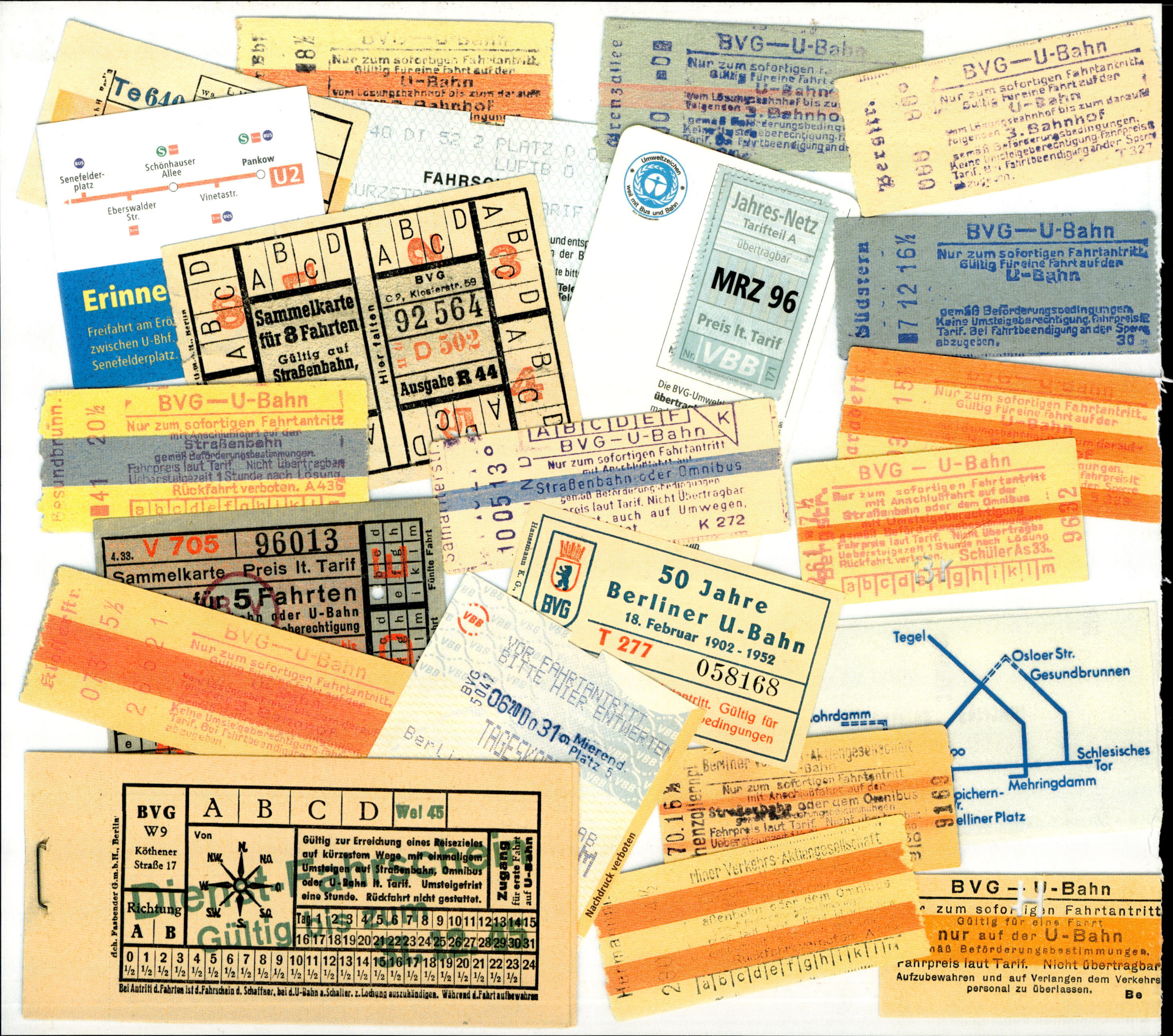

BVG—U-Bahn
Nur zum sofortigen Fahrtantritt
Gültig für eine Fahrt auf der U-Bahn
Senefelderplatz
Schönhauser Allee
Pankow
U2
Eberswalder Str.
Vinetastr.
Erinne
Freifahrt am Erö
zwischen U-Bhf.
Senefelderplatz.
Sammelkarte für 8 Fahrten
Gültig auf Straßenbahn,
BVG
C 2, Klosterstr. 59
92564
D 502
Ausgabe R 44
Hier falten
Jahres-Netz
Tarifteil A
übertragbar
MRZ 96
Preis lt. Tarif
VBB
Umweltzeichen
gemäß Beförderungsbedingungen.
Keine Umsteigeberechtigung. Fahrpreis
Tarif. Bei Fahrtbeendigung an der Sperre abzugeben.
Südstern
7 12 16½
Straßenbahn
Rückfahrt verboten. A 436
A B C D E F K
Straßenbahn oder Omnibus
K 272
V 705
96013
Sammelkarte Preis lt. Tarif
für 5 Fahrten
Fünfte Fahrt
Schüler As 33.
50 Jahre
Berliner U-Bahn
18. Februar 1902 - 1952
T 277
058168
BVG
VOR FAHRTANTRITT BITTE HIER ENTWERTEN
Tegel
Osloer Str.
Gesundbrunnen
Schlesisches Tor
Mehringdamm
BVG W9
Köthener Straße 17
A B C D
Wel 45
Von
Richtung
Gültig zur Erreichung eines Reisezieles auf kürzestem Wege mit einmaligem Umsteigen auf Straßenbahn, Omnibus oder U-Bahn lt. Tarif. Umsteigefrist eine Stunde. Rückfahrt nicht gestattet.
Zugang für erste Fahrt auf U-Bahn
Dienst-Fahrschein
Gültig bis zum
Bei Antritt d. Fahrt ist d. Fahrschein d. Schaffner, bei d. U-Bahn a. Schalter. z. Lochung auszuhändigen. Während d. Fahrt aufbewahren
Nachdruck verboten
Berliner Verkehrs-Aktiengesellschaft
BVG - U-Bahn
Gültig für eine Fahrt
nur auf der U-Bahn
gemäß Beförderungsbestimmungen.
Fahrpreis laut Tarif. Nicht übertragbar
Aufzubewahren und auf Verlangen dem Verkehrspersonal zu überlassen.